中国水利教育协会组织编写
全国中等职业教育水利类专业规划教材

水利工程CAD

主　编　尹亚坤
副主编　钟菊英　卢德友

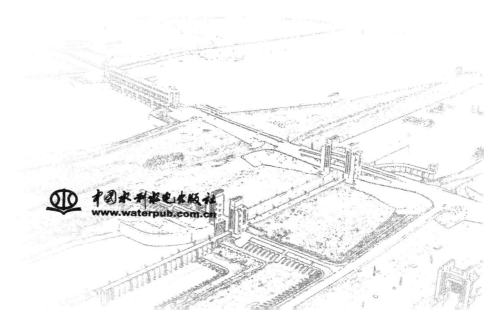

中国水利水电出版社
www.waterpub.com.cn

内 容 提 要

本书为全国中等职业教育水利类专业规划教材。全书以大量的实例、通俗易懂的语言，由浅入深、循序渐进地介绍了 AutoCAD 2009 绘制水利工程图的基本功能及相关技术，所举实例主要为水利工程图。全书共分十二章，内容主要包括绘图基础、绘图环境的设置、图形的绘制与编辑、绘制组合体视图及尺寸标注的相关技术与方法、绘制专业图的相关技术与方法、输出工程图。每教学单元后均有上机练习内容。

本书可供水利类中等专业学校各专业学生使用，也可供相关专业的工程技术人员参考。

图书在版编目（CIP）数据

水利工程 CAD/尹亚坤主编 . —北京：中国水利水
电出版社，2010.7（2021.1 重印）
全国中等职业教育水利类专业规划教材
ISBN 978 - 7 - 5084 - 7570 - 7

Ⅰ.①水⋯　Ⅱ.①尹⋯　Ⅲ.①水利工程-计算机辅助
设计-应用软件，Au
toCAD-专业学校-教材②水利发电工程-计算机辅助设计
-应用软件，AutoCAD-专业学校-教材　Ⅳ.①TV222.2

中国版本图书馆 CIP 数据核字（2010）第 131187 号

书　　名	全国中等职业教育水利类专业规划教材 **水利工程 CAD**	
作　　者	主编　尹亚坤　　副主编　钟菊英　卢德友	
出版发行	中国水利水电出版社 （北京市海淀区玉渊潭南路 1 号 D 座　100038） 网址：www. waterpub. com. cn E-mail：sales@ waterpub. com. cn 电话：（010）68367658（营销中心）	
经　　售	北京科水图书销售中心（零售） 电话：（010）88383994、63202643、68545874 全国各地新华书店和相关出版物销售网点	
排　　版	中国水利水电出版社微机排版中心	
印　　刷	清淞永业（天津）印刷有限公司	
规　　格	184mm×260mm　16 开本　13.25 印张　314 千字	
版　　次	2010 年 7 月第 1 版　2021 年 1 月第 5 次印刷	
印　　数	11001—13000 册	
定　　价	**42.00** 元	

凡购买我社图书，如有缺页、倒页、脱页的，本社营销中心负责调换

全国中等职业教育水利类专业规划教材
编 委 会

前　言

　　本书是根据教育部《关于进一步深化中等职业教育教学改革的若干意见》（教职成〔2008〕8号）及全国水利中等职业教育研究会2009年7月于郑州组织的中等职业教育水利水电工程技术专业教材编写会议精神组织编写的，是全国水利中等职业教育新一轮教学改革规划教材，适用于中等职业学校水利水电类专业教学。

　　本书主要有以下特点：

　　（1）按教学顺序编写，本书相当于一本详细的讲稿，既便于老师备课，又便于学生自学。

　　（2）每个教学单元后都有丰富的课后练习，以便学生能够迅速掌握并巩固所学内容，通过练习使所学内容融会贯通到绘制工程图的实际应用之中。

　　（3）以绘制工程图为主线，用通俗易懂的语言，由浅入深、循序渐进地介绍了AutoCAD 2009的基本功能及绘制工程图的相关技术，特别对如何使所绘图样符合制图标准的相关技术，在各相应章节作了详细介绍。

　　（4）所绘图样均符合最新制图标准。

　　（5）所举实例内容以水工图为主，对于专业图的绘制方法与技巧专列一章进行了讲述。

　　通过本书学习可使初学者在短时间内能较顺利地掌握绘制工程图的基本方法和基本技巧，能独立绘制各种工程图，同时也可以使有经验的读者更深入地了解AutoCAD 2009绘制工程图的主要功能和技巧，从而达到融会贯通、灵活运用的目的。

　　本书由甘肃省水利水电学校尹亚坤任主编，江西省水利工程技师学院钟菊英、河南省郑州水利学校卢德友任副主编。参加编写工作的有北京水利水电学校张颖（第一章）、河南省郑州水利学校卢德友（第二章、第八章、第十章）、河南省水利水电学校高海静（第三章）、河南省水利水电学校高振芬

（第四章）、江西省水利工程技师学院钟菊英（第五章、第六章）、甘肃省水利水电学校尹亚坤（第七章、第九章）、宁夏水利电力工程学校黄铁霞（第十一章）、北京水利水电学校高亚丹（第十二章）。

由于编者水平有限，书中不妥及疏漏之处，敬请读者批评指正。

编　者

2010 年 3 月

第一章 AutoCAD 2009 基础知识

AutoCAD 软件是美国 Autodesk 公司开发的交互型通用计算机辅助设计软件。本章主要讲解 AutoCAD 2009 软件的操作界面、命令执行方式以及文件管理等内容，使读者在通过学习后为熟练操作软件打下基础。

CAD 是英语 "Computer Aided Design" 的缩写，意即 "计算机辅助设计"。计算机辅助设计是以计算机技术为支柱的信息时代环境下的产物，与传统设计相比，它在设计方法、设计过程、设计质量和设计效率等方面都发生了质的变化。AutoCAD 软件自从 1982 年首次推出以来，历经 20 多个版本，不断得以完善。时至今日的 2009 版性能得到全面提升，使日常工作变得高效。AutoCAD 2009 软件制图功能强大，具有绘制二维图形、三维图形，标注图形，协同设计、图纸管理等功能。绘制图形方便快捷、精确度高，使其在机械、建筑、电子、航天、石油、化工、地质、气象、纺织等领域中得到了广泛应用，并取得了丰硕的成果和巨大的经济效益。AutoCAD 软件具有良好的用户界面，通过交互式菜单或命令即可进行各种操作，让计算机操作者能够很快地掌握。目前 AutoCAD 软件已成为全球领先的、使用最为广泛的计算机绘图软件之一。

AutoCAD 2009 是 AutoCAD 系列软件的最新版本，与 AutoCAD 先前的版本相比，它在性能和功能方面都有较大的增强，同时保证与低版本完全兼容。AutoCAD 2009 在用户界面上发生了很大的变化，增加了动作录制器、地理位置、查看工具，图形特性管理器功能也得到了增强。它对软硬件的要求也比以往版本更高。

第一节 AutoCAD 2009 的启动

用户要想在 AutoCAD 2009 中绘图，必须先启动程序。启动 AutoCAD 2009 程序通常有三种方式。

（1）双击桌面上的快捷方式图标：安装 AutoCAD 时，会自动在桌面上生成一个 AutoCAD 2009 快捷方式图标 。

（2）"开始"菜单：在"开始"菜单上依次单击"程序"→Autodesk →AutoCAD 2009-Simplified Chinese→AutoCAD 2009 选项即可启动。

（3）双击 AutoCAD 2009 的文档文件。

第二节 AutoCAD 2009 的用户界面

第一次启动 AutoCAD 2009 后，系统将弹出"新功能专题研习"对话框，如图 1-1 所示。

图 1-1 "新功能专题研习"对话框

在该对话框提供的三个选项中选择"不，不再显示此消息"，单击"确定"按钮进入
AutoCAD 2009 工作界面，也就是进入绘图区。默认情况下，系统会直接进入初始界面，
也就是"二维绘图与注释"工作空间，如图 1-2 所示的界面。

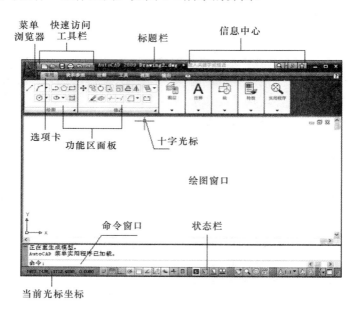

图 1-2　AutoCAD 2009 初始界面

系统为用户提供了"二维绘图与注释"、"AutoCAD 经典"及"三维建模"三个工作空
间。图 1-2 显示的是"二维绘图与注释"工作空间的默认界面。对于新用户来说，可以直
接从这个界面来学习，对于老用户来说，因为已经习惯以往版本的界面，可以单击状态栏
中的 "切换工作空间"按钮 ，在弹出的快捷菜单中选择"AutoCAD 经典"命令，切换
到如图 1-3 所示的 AutoCAD 经典工作空间。也可以执行"菜单浏览器"→"工具"→"工

作空间"→"AutoCAD 经典"命令，达到同样的目的。

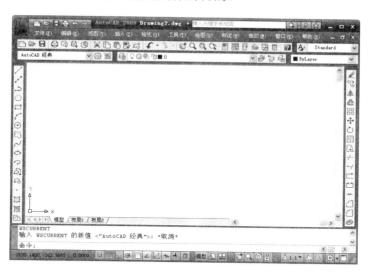

图 1-3 AutoCAD 2009 经典界面

与"AutoCAD 经典"工作空间相比，"二维绘图与注释"工作空间的界面增加了功能区，缺少了菜单栏。菜单栏可由单击菜单浏览器来实现。在"AutoCAD 经典"工作空间也可以实现"二维绘图与注释"工作界面，即调出功能区面板，新旧界面配合使用。

这里，我们主要了解"AutoCAD 经典"和"二维绘图与注释"工作空间的常见界面元素：菜单栏、工具栏、绘图窗口、文本窗口与命令行、状态行等。

一、标题栏

标题栏位于应用程序窗口的最上面，用于显示当前正在运行的程序名及文件名等信息。如果是 AutoCAD 默认的图形文件，其名称为 DrawingN.dwg（N 是数字）。单击标题栏右端的按钮，可以最小化、最大化或关闭应用程序窗口。标题栏最左边是应用程序的小图标，单击它将会弹出一个 AutoCAD 窗口控制下拉菜单，可以执行最小化或最大化窗口、恢复窗口、移动窗口、关闭 AutoCAD 等操作。AutoCAD 2009 丰富了标题栏的内容，增加了菜单浏览器、快速访问工具栏以及信息中心。

二、菜单栏与快捷菜单

中文版 AutoCAD 2009 的菜单栏可由单击菜单浏览器来实现。菜单栏由"文件"、"编辑"、"视图"、"插入"、"格式"、"工具"、"绘图""标注"、"修改"、"窗口"、"帮助"共11 个主菜单组成，如图 1-4 所示，几乎包括了 AutoCAD 中全部的功能和命令。

在菜单浏览器的下面设置了"选项"按钮，方便用户设置自动功能的选项，包括文件、显示、打开和保存、打印和发布、系统、用户系统配置、草图、三维建模、选择集和配置选项卡。

快捷菜单又称为上下文关联菜单。在绘图区域、工具栏、状态行、模型与布局选项卡以及一些对话框上单击鼠标右键时，将弹出一个快捷菜单，该菜单中的命令与 AutoCAD 当前状态相关。使用它们可以在不启动菜单栏的情况下快速、高效地完成某些操作，如图 1-5 所示。

图 1-4　"菜单浏览器"

图 1-5　快捷菜单

三、工具栏

工具栏是应用程序调用命令的另一种方式，它包含许多由图标表示的命令按钮。在 AutoCAD 中，系统共提供了 20 多个已命名的工具栏。默认情况下，"标准"、"属性"、"绘图"和"修改"等工具栏处于打开状态。如果要显示当前隐藏的工具栏，可在任意工具栏上单击鼠标右键，此时将弹出一个快捷菜单，点击相应内容来显示或关闭相应的工具栏。

AutoCAD 2009 快速访问工具栏存储经常使用的命令，默认状态下有"新建"、"打开""保存"、"打印"、"放弃"、"重做"按钮。同样，在快速访问工具栏单击右键，用户可以自定义快速访问工具栏。

AutoCAD 2009 版本中，把光标移动到菜单浏览器或其他命令按钮上，会显示提示信息，这些信息提示包含对命令或控制的概括说明、命令名、快捷键、命令标记以及补充工具提示，对新用户学习有很大的帮助。

AutoCAD 2009 的功能区将可用的工具栏分为"常用"、"块和参照"、"注释"、"工具"、"视图"及"输出"六类选项卡。选项卡下又集成多个面板，面板上放置同类型工具。"功能区"选项卡，如图 1-6 所示。

图 1-6　"功能区"选项卡

在默认状态下，"二维绘图与注释"工作空间不包含任何工具栏。用户选择"菜单浏览器"→"工具"→"工具栏"→"AutoCAD"命令，会弹出 AutoCAD 工具栏的子菜单，在子菜单中用户可以选择相应的工具栏显示在界面上。也可以在"快速访问工具栏"单击右键，调用主菜单和工具栏。

四、绘图窗口

在 AutoCAD 中，绘图窗口是用户绘图的工作区域，所有的绘图结果都反映在这个窗口中。可以根据需要关闭其周围和里面的各个工具栏，以增大绘图空间。如果图纸比较大，需要查看未显示部分时，可以单击窗口右边与下边滚动条上的箭头，或拖动滚动条上的滑块来移动图纸。

在绘图窗口中除了显示当前的绘图结果外，还显示了当前使用的坐标系类型以及坐标原点、X 轴、Y 轴、Z 轴的方向等。默认情况下，坐标系为世界坐标系（WCS）。绘图窗口的下方有"模型"和"布局"选项卡，单击其标签可以在"模型"空间或"图纸"空间之间来回切换。

在 AutoCAD 2009 中，可以在绘图窗口中显示工作的目标。当鼠标提示选择一个点时，光标变为十字形；当在屏幕上拾取一个对象时，光标变成一个拾取框；把光标放在工具栏时，光标变为一个箭头。

五、命令行与文本窗口

"命令行"窗口位于绘图窗口的底部，用于接收用户输入的命令，并显示 AutoCAD

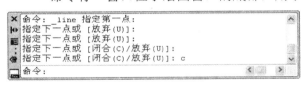

图 1-7　"命令行"窗口

提示信息。"命令行"窗口是用户和计算机进行对话的窗口，对于初学者应特别注意。通常显示的信息为"命令:"，表示 AutoCAD 正在等待用户输入命令。默认"命令行"保留三行。在 AutoCAD 2009 中，"命令行"窗口可以拖放为浮动窗口，如图 1-7 所示。

AutoCAD 文本窗口是记录 AutoCAD 命令的窗口，是放大的"命令行"窗口，它记录了已执行的命令，也可以用来输入新命令。在 AutoCAD 2009 中，可以选择"视图"→"显示"→"文本窗口"命令、执行 TEXTSCR 命令或按 F2 键来打开 AutoCAD 文本窗口，它记录了对文档进行的所有操作，如图 1-8 所示。

六、状态行

状态行在屏幕的最下方，用来显示 AutoCAD 当前的状态，如当前光标的坐标、命令和按钮的说明等。在绘图窗口中移动光标时，状态行的"坐标"区将动态地显示当前坐标值。坐标显示取决于所选择的模式和程序中运行的命令，共有"相对"、"绝对"和"无"三种模式。

状态行中还包括如"捕捉"、"栅格"、"正交"、"极轴"、"对象捕捉"、"对象追踪"、DUCS、DYN、"线

图 1-8　文本窗口

宽"、"模型"（或"图纸"）10 多个功能，分别是捕捉模式、正交模式、对象捕捉模式、允许/禁止动态 UCS、线宽控制、通信中心、清除屏幕、比例注释、全屏显示等功能键按钮，如图 1-9 所示。

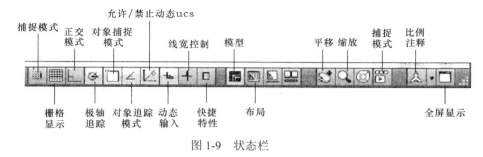

图 1-9   状态栏

七、AutoCAD 2009 的三维建模界面组成

在 AutoCAD 2009 中，选择"工具"→"工作空间"→"三维建模"命令，或在"工作空间"工具栏的下拉列表框中选择"三维建模"选项，都可以快速切换到"三维建模"工作空间界面。

"三维建模"工作界面对于用户在三维空间中绘制三维图形来说更加方便。默认情况下，"栅格"以网格的形式显示，增加了绘图的三维空间感。另外，"面板"选项板集成了"三维制作控制台"、"三维导航控制台"、"光源控制台"、"视觉样式控制台"和"材质控制台"等选项组，从而使用户绘制三维图形、观察图形、创建动画、设置光源、为三维对象附加材质等操作提供了非常便利的环境。

第三节   使用命令与系统变量

在 AutoCAD 中，菜单命令、工具按钮、命令和系统变量大都是相互对应的。可以选择某一菜单命令，或单击某个工具按钮，或在命令行中输入命令和系统变量来执行相应命令。可以说，命令是 AutoCAD 绘制与编辑图形的核心。

一、使用鼠标操作执行命令

在绘图窗口，光标通常显示为"十"字线形式。当光标移至菜单选项、工具或对话框内时，它会变成一个箭头。无论光标是"十"字线形式还是箭头形式，当单击或者按动鼠标键时，都会执行相应的命令或动作。在 AutoCAD 中，鼠标键是按照下述规则定义的：

（1）拾取键：通常指鼠标左键，用于指定屏幕上的点，也可以用来选择 Windows 对象、AutoCAD 对象、工具栏按钮和菜单命令等。

（2）回车键：指鼠标右键，相当于 Enter 键，用于结束当前使用的命令，此时系统将根据当前绘图状态弹出不同的快捷菜单。

（3）弹出菜单：当使用 Shift 键和鼠标右键的组合时，系统将弹出一个快捷菜单，用于设置捕捉点的方法。

对于三键鼠标，弹出按钮通常是鼠标的中间键。

按下鼠标滑轮不松，光标变成手状，可以实施平移动作；双击鼠标滑轮可以实现图形满屏显示。

二、使用命令行

在 AutoCAD 2009 中，默认情况下"命令行"是一个可固定的窗口，可以在当前命令行提示下输入命令、对象参数等内容。对大多数命令，"命令行"中可以显示执行完的两条命令提示（也叫命令历史），而对于一些输出命令，例如 TIME、LIST 命令，需要在放大的"命令行"或"AutoCAD 文本窗口"中才能完全显示。

在"命令行"窗口中右击，AutoCAD 将显示一个快捷菜单。通过它可以选择最近使用过的六个命令、复制选定的文字或全部命令历史记录、粘贴文字，以及打开"选项"对话框。

在"命令行"中，还可以使用 Back Space 或 Delete 键删除命令行中的文字；也可以选中命令历史，并执行"粘贴到命令行"命令，将其粘贴到命令行中。

按 Esc 键将退出当前命令，按空格或 Enter 将重复执行上一个命令。

三、使用透明命令

在 AutoCAD 中，透明命令是指在执行命令的过程中可以执行的其他命令。常使用的透明命令多为修改图形设置的命令、绘图辅助工具命令，例如 SNAP、GRID、ZOOM 等。要以透明方式使用命令，应在输入命令之前输入单引号（'）。命令行中，透明命令的提示前有一个双折号（>>）。完成透明命令后，将继续执行原命令。

四、使用系统变量

在 AutoCAD 中，系统变量用于控制某些功能和设计环境、命令的工作方式，它可以打开或关闭捕捉、栅格或正交等绘图模式，设置默认的填充图案，或存储当前图形和 AutoCAD 配置的有关信息。

系统变量通常是 6～10 个字符长的缩写名称。许多系统变量有简单的开关设置。例如 GRIDMODE 系统变量用来显示或关闭栅格，当在命令行的"输入 GRIDMODE 的新值 <1>："提示下输入 0 时，可以关闭栅格显示；输入 1 时，可以打开栅格显示。有些系统变量则用来存储数值或文字，例如 DATE 系统变量用来存储当前日期。

可以在对话框中修改系统变量，也可以直接在命令行中修改系统变量。例如要使用 ISOLINES 系统变量修改曲面的线框密度，可在命令行提示下输入该系统变量名称并按 Enter 键，然后输入新的系统变量值并按 Enter 键即可。详细操作如下：

命令：ISOLINES（输入系统变量名称）↙
输入 ISOLINES 的新值 <4>：32（输入系统变量的新值）↙

五、设置参数选项

通常情况下，安装好 AutoCAD 2009 后就可以在其默认状态下绘制图形，但有时为了使用特殊的定点设备、打印机，或提高绘图效率，用户需要在绘制图形前先对系统参数进行必要的设置。

（1）"工具"→"选项"。

（2）命令行输入：OPTIONS。

可打开"选项"对话框。在该对话框中包含"文件"、"显示"、"打开和保存"、"打印和发布"、"系统"、"用户系统配置"、"草图"、"三维建模"、"选择集"和"配置"10 个选项卡，如图 1-10 所示。其具体操作在后续相关章节介绍。

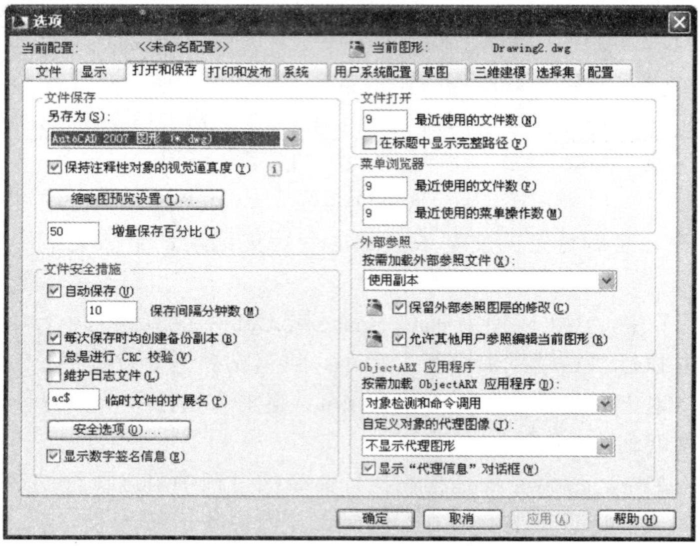

图 1-10　"选项"对话框

六、　AutoCAD 绘图系统中的坐标输入方式

在 AutoCAD 中绘图时可使用多种坐标系统来定义空间点的位置。AutoCAD 初始默认的坐标系叫世界通用坐标系（WCS），在绘图中是不可改变的，但用户可以自己定义用户坐标系（UCS），修改坐标系原点和方向。AutoCAD 绘图系统中坐标点的输入方式有以下几种。

1. 绝对直角坐标

输入一个点的绝对坐标的格式为（X，Y，Z）。在系统默认的状态下，绘图区左下角有一个图标，若仅输入 X、Y 则系统默认 Z 值为零，也就是绘制二维平面图形。输入点的坐标值都是相对于坐标系原点（0，0，0）的位置而确定的。

2. 相对直角坐标

输入一个点的相对坐标的格式为（@X，Y），即输入 X、Y 两个方向相对于前一点的坐标增量。

3. 极坐标

输入一个点的极坐标的格式为（$\rho < \theta$），ρ 为极轴长度（即该点相对于坐标原点的长度），θ 为这两点连线相对 X 轴正向的角度。

4. 相对极坐标

输入一个点相对极坐标的格式为（@$\rho < \theta$），ρ 为该点相对于上一输入点的长度，θ 为这两点连线相对 X 轴正向的角度。

5. 长度和方向

当打开正交或极轴开关时，用鼠标确定方向，输入一个长度即可，格式为（R），R 为线长。

例：已知点 A 的绝对坐标及图形尺寸，用 LINE 命令绘制图 1-11。

操作步骤如下：

命令：_line 指定第一点：150，150↙（输入 A 点的绝对坐标）

指定下一点或[放弃(U)]：<正交开>40↙（打开正交模式，将光标向右拉出水平线，输入 AB 的长度 40）

指定下一点或[放弃(U)]：36↙（向下拉出铅垂线，输入 BC 的长度 36）

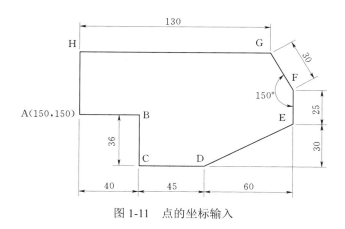

图 1-11　点的坐标输入

指定下一点或[闭合(C)/放弃(U)]：45↙（向右拉出水平线，输入 CD 的长度 45）

指定下一点或[闭合(C)/放弃(U)]：@60,30↙（输入 E 点的相对直角坐标）

指定下一点或[闭合(C)/放弃(U)]：25↙（向上拉出铅垂线，输入 EF 的长度 25）

指定下一点或[闭合(C)/放弃(U)]：@30<120↙（输入 G 点的相对极坐标）

指定下一点或[闭合(C)/放弃(U)]：130↙（向左拉出水平线，输入 GH 的长度 130）

指定下一点或[闭合(C)/放弃(U)]：c（图形自动闭合）

七、AutoCAD 绘图系统中选取图素（选择对象）的方式

在 AutoCAD 中，所有的编辑及修改命令均要选择已绘制好的图素。AutoCAD 用拾取框代替十字光标。常用的选择方式有以下几种。

1. 点选

当需要选取图素时（命令行出现"选择对象："或"Select Object："），鼠标变成一个小方块，用鼠标直接点取被选目标，图素变虚则表示被选中。

2. "窗口"方式

除了单击拾取单个实体外，拾取点从左向右指定一个窗口，窗口边线显示为细实线，一次可以选取多个图素。如果一个对象仅是其中一部分在矩形窗口内，那么选择集中不包含该对象。或在"选择对象："后键入"W"，用鼠标在图素任意对角点击。

3. "窗交"方式

除了单击拾取单个实体外，拾取点从右向左指定一个窗口，窗口边线显示为细虚线，同样一次可以选取多个图素。如果一个对象仅是其中一部分在矩形窗口内，那么选择集中包含该对象。或在"选择对象："后键入"C"，用鼠标在图素任意对角点击。

4. 其他常用方式

在出现"选择对象："后键入"L(Last)"，表示所选的是最近一次绘制的图素；键入"Cp"，可选取多边形窗口；键入"All"，表示所选取是全部（冻结层除外）；键入"R(Remove)"，再用鼠标直接点取相应图素，将其移出选择；键入"U(Undo)"，取消选择。

后面章节还有更详细介绍。

第四节　图形文件管理

AutoCAD 2009 中，图形文件管理包括创建新的图形文件、打开已有的图形文件、关闭图形文件以及保存图形文件等操作。

一、创建新图形文件

选择"文件"→"新建"命令（NEW），或在"标准"工具栏中单击"新建"按钮，可以创建新图形文件，此时将打开"选择样板"对话框。

在"选择样板"对话框中，可以在"名称"列表框中选中某一样板文件，这时在其右面的"预览"框中将显示出该样板的预览图像。单击"打开"按钮，可以以选中的样板文件为样板创建新图形，此时会显示图形文件的布局（选择样板文件 acad. dwt 或 acadiso. dwt 除外）。例如，以样板文件 Tutorial-iArch. dwt 为样板创建新图形文件。"选择样板"对话框如图 1-12 所示。

图 1-12　"选择样板"对话框

二、打开图形文件

选择"文件"→"打开"命令（OPEN），或在"标准"工具栏中单击"打开"按钮，可以打开已有的图形文件，此时将打开"选择文件"对话框。选择需要打开的图形文件，在右面的"预览"框中将显示出该图形的预览图像。默认情况下，打开的图形文件的格式为.dwg，如图 1-13 所示。

在 AutoCAD 中，可以以"打开"、"以只读方式打开"、"局部打开"和"以只读方式局部打开" 4 种方式打开图形文件。当以"打开"、"局部打开"方式打开图形时，可以对打开的图形进行编辑，如果以"以只读方式打开"、"以只读方式局部打开"方式打开图形时，则无法对打开的图形进行编辑。

如果选择以"局部打开"、"以只读方式局部打开"打开图形，这时将打开"局部打开"对话框。可以在"要加载几何图形的视图"选项组中选择要打开的视图，在"要加载几何图形的图层"选项组中选择要打开的图层，然后单击"打开"按钮，即可在视图中打开选中图层上的对象。

图 1-13　"选择文件"对话框

三、保存图形文件

在 AutoCAD 中，可以使用多种方式将所绘图形以文件形式存入磁盘。例如，可以选择"文件"→"保存"命令（QSAVE），或在"标准"工具栏中单击"保存"按钮，以当前使用的文件名保存图形；或在命令行中输入"SAVE"；也可以选择"文件"→"另存为"命令（SAVEAS），将当前图形以新的名称保存。

初次保存创建的图形时，系统将打开"图形另存为"对话框。默认情况下，文件以"AutoCAD 2009 图形（*.dwg）"格式保存，也可以在"文件类型"下拉列表框中选择其他格式，如 AutoCAD 2004/LT2004 图形（*.dwg）、AutoCAD 图形标准（*.dws）等格式，如图 1-14 所示。

图 1-14　"图形另存为"对话框

四、关闭图形文件

选择"文件"→"关闭"命令（CLOSE），或在绘图窗口中单击"关闭"按钮，可以关闭当前图形文件。如果当前图形没有存盘，系统将弹出 AutoCAD 警告对话框，询问是否保存文件，如图 1-15 所示。此时，单击"是（Y）"按钮或直接按 Enter 键，可以保存当前图形文件并将其关闭；单击"否（N）"按钮，可以关闭当前图形文件但不存盘；单击"取消"按钮，取消关闭当前图形文件操作，既不保存也不关闭。

图 1-15　"保存提示"对话框

如果当前所编辑的图形文件没有命名，那么单击"是（Y）"按钮后，AutoCAD 会打开"图形另存为"对话框，要求用户确定图形文件存放的位置和名称。

课 后 练 习

1. 选择题

（1）在一个对话框中，有一组相互排斥的选项（即只能选择其中的一个选项）这些选项称作（　　　）。

　　a. 文本框　　　　b. 复选框　　　　c. 单选按钮　　　　d. 滚动条　　　　e. 列表窗口

（2）AutoCAD 使用的样板图形文件的扩展名是（　　　）。

　　a. DWG　　　b. DWT　　　c. DWK　　　d. TEM

（3）AutoCAD 默认图形文件的扩展名是什么（　　　）。

　　a. DWG　　　b. DWT　　　c. DWK　　　d. TEM

（4）在十字光标处被调用的菜单，称为（　　　）。

　　a. 鼠标菜单　　　b. 十字交叉线菜单　　　c. 光标菜单　　　d. 以上都不是，此处不出现菜单

（5）要取消 AutoCAD 命令，应按下（　　　）。

　　a. Ctrl+A　　　b. Ctrl+X　　　c. Alt+A　　　d. Esc

（6）UCS 意思为（　　　）。

　　a. 世界坐标系　　　b. 用户坐标系　　　c. 空间坐标系　　　d. 平面坐标系

（7）SAVE 命令可以（　　　）。

　　a. 另存图形　　　　　　　　　　　　b. 不退出 AutoCAD

　　c. 定期地将信息保存在磁盘上　　　　d. 以上都不是

（8）图形和文本屏幕之间的开关通过下述哪种方式完成？（　　　）

　　a. 按两次 Enter 键　　　　　　　　　b. 同时输入 Ctrl 和 Enter 键

　　c. 按 Esc 键　　　　　　　　　　　　d. 按 F2 功能键

（9）在"选项"对话框的"打开和保存"选项卡中，可以对图形的（　　　）进行设置。

　　a. 另存为缩略图预览图像

　　b. Object ARX 应用程序和自定义文件的用法

　　c. 设置图形保存密码保护

　　d. 设置保存间隔时间

　2. 上机练习

　（1）练习 AutoCAD 2009 的几种启动过程。

　（2）熟悉 AutoCAD 2009 的工作界面及各个区域的功能。

　（3）通过"选择样板"对话框，选择样板文件 Tutorial-iArch. dwt 并打开，然后另存为 E 盘根目录下以用户姓名为文件名称的文件。

　（4）在工作空间中切换不同的工作空间模式。

　（5）练习选择对象中的点选、"窗口"选项、"窗交"选项，并体会区别。

　（6）练习点坐标输入，绘制图 1-16 所示图形（注意点顺序：A-B-C-D）。

　（7）根据图 1-17～图 1-20 中尺寸，用坐标输入法绘制下面图形。

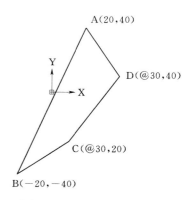

图 1-16　四边形 ABCD

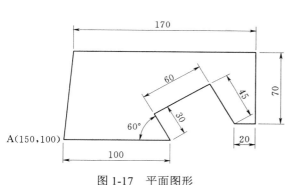

图 1-17　平面图形

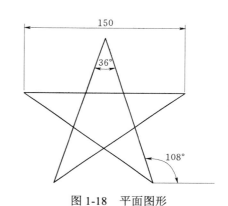

图 1-18　平面图形

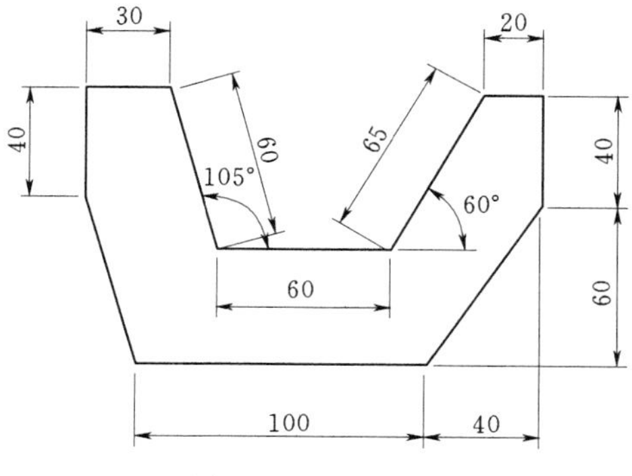

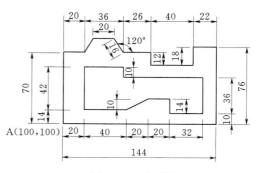

图 1-19　平面图形

图 1-20　平面图形

第二章 绘图辅助工具与对象信息查询

第一节 绘 图 辅 助 工 具

一、绘图状态控制

绘图的状态控制是指利用状态栏中的绘图控制按钮，对绘图过程进行精确控制。状态控制栏在绘图屏幕的下面，如图 2-1 所示。

图 2-1　状态控制栏

在状态控制工具中，状态控制有捕捉、栅格、正交、极轴、对象捕捉、对象追踪、允许/禁止动态 UCS、动态输入（DYN）、显示/隐藏线宽，如图 2-2 所示。

图 2-2　状态控制工具

（一）捕捉与栅格

1. 捕捉

按"草图设置"（下面讲到设置方法）中设置好的捕捉间距"捕捉"点。打开"捕捉"后，光标行走迟钝，因为光标在沿"捕捉"点行走；关闭"捕捉"，光标行走自如。一般不打开"捕捉"。按 F9 键可以打开或关闭捕捉。

2. 栅格

按"草图设置"中设置好的栅格间距"捕捉"点。打开"栅格"后，在绘图区显示栅格点。启用"捕捉"后，光标沿栅格点行走，每走一格均为设置好的间距。因为光标在沿"栅格"点行走，所以光标行走迟钝。按 F7 键可以打开或关闭栅格。

（二）正交与极轴

1. 正交

打开"正交"，光标沿直线水平或竖直行走，精确绘制水平线与竖直线。关闭"正交"，可以绘制任意直线。关闭"正交"，绘制直线时凭直觉观察是水平线与竖直线，事实上放大观察仍有误差。因此要精确绘制水平线与竖直线还是要打开"正交"。按 F8 键可以打开或关闭正交。

2. 极轴

打开"极轴"，在绘图时可以按设置好的极轴角捕捉直线或点。"极轴追踪"可以精确绘制角度线和三视图。绘制不同角度线，需设置不同极轴角，同时及时调整极轴角。极轴是绘制角度线的一种方法。按 F10 键可以打开或关闭极轴。

（三）对象捕捉与对象追踪

1. 对象捕捉

打开"对象捕捉"可以精确捕捉绘图对象，它是精确绘图的较好工具。捕捉的对象为"草图设置"中的捕捉点。关闭"对象捕捉"，是不能精确捕捉点的。按 F3 键可以打开或关闭对象捕捉。

2. 对象追踪

打开"对象追踪"，绘图时，移动光标至捕捉对象点，与光标一起会产生追踪虚线，如图 2-3 所示。"对象追踪"常与"对象捕捉"联合使用。按 F11 键可以打开或关闭对象追踪。

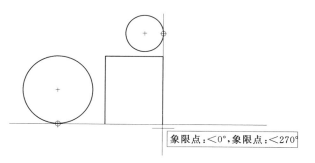

象限点：<0°，象限点：<270°

图 2-3　对象追踪

（四）动态输入

动态输入（DYN）：可以代替命令行，在光标行进过程中，随时进行距离、角度和坐标等值的输入，大大简化了在命令行中来回输入数据的麻烦。

动态输入（DYN）"打开"时，正交、极轴、对象捕捉、对象追踪无论处于"打开"还是"关闭"，都能进行动态输入；如果动态输入（DYN）"关闭"，正交、极轴、对象捕捉、对象追踪处于"打开"，只能进行动态显示，不能动态输入。按 F12 键可以打开或关闭动态输入。

（五）线宽显示

此处是显示线的宽度，不是设置线的宽度。打开"线宽"，屏幕显示设置好的线宽，如果没有设置线宽，屏幕线宽为默认线宽。默认线宽在"线宽设置"中设置。为了保证绘图的线宽正确，绘图时最好打开"线宽"，以防最后调整的麻烦。

二、图纸空间

我们常在模型空间绘制图形，在布局（图纸空间）中打印图形。在绘图与打印时，经常要对图形进行空间转换。

（一）模型空间与图纸空间

1. 模型空间

"模型空间"是一个真实的、无限的绘图区域。在模型空间中，可以绘制、查看和编辑模型。

在模型空间中，可以按 1∶1 的比例绘制模型，并确定一个单位表示 1 毫米、1 分米、1 英寸、1 英尺还是表示其他在工作中使用最方便或最常用的单位，也可以按工程设计要求将图形按比例进行绘制，但要在标注时对图形注释比例。在模型空间制作完图形后，可以选择一个"布局"选项卡，开始设计用于打印的布局环境。

2. 图纸空间

"布局"选项卡提供了一个称为图纸空间的区域，它是将在模型空间里绘制的图形形象地按比例布置在一张图纸上。"图纸空间"相当我们手工绘图时的图纸。在图纸空间中，可以放置标题栏、创建用于显示视图的布局视口、标注图形以及添加注释。在图纸空间中，一个单位表示打印图纸上的图纸距离。根据绘图仪的打印设置，单位可以是毫米或英寸。在"布局"选项卡上，可以查看和编辑图纸空间对象，例如布局视口和标题栏，也可以将对象（如引线或标题栏）从模型空间移到图纸空间（反之亦然）。

"模型"选项卡与"布局"选项卡之间随时可以进行切换。单击绘图区下面的"模型"与"布局" 模型 布局1 布局2 ，或状态栏中"模型" 模型 按钮，图形自动进行切换。也可以单击状态栏中的"模型"与"图纸"空间进行转换 图纸 。

（二）图形快速查看

通过上述方式可以对图形在"模型空间"与"图纸空间"进行查看与编辑，但不能同时对比查看"模型空间"与"图纸空间"。单击"图形快速查看" ，弹出如图 2-4 所示的界面，可以对比查看"模型空间"与"图纸空间"。

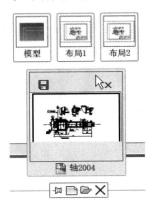

图 2-4 快速查看图形

三、工作空间和菜单浏览器

（一）工作空间

AutoCAD 2009 版本提供了三种工作空间：AutoCAD 经典、二维草图与注释和三维建模。

打开 AutoCAD 2009，系统默认的是二维草图与注释界面。一开始接触 AutoCAD 2009 的用户可能有些不习惯，特别是用惯经典 AutoCAD 界面的读者更是不适应。AutoCAD 的发展方向正逐渐走向立体设计而不是平面绘图，因此，AutoCAD 版本越高越向三维设计发展。"二维草图与注释"是为三维建模创建二维图形，进而由二维图形构造三维模型；"三维建模"着重从三维设计出发，进行三维产品设计。

但在工作实际中，传统的二维平面图形还是占主导地位的，因此 AutoCAD 2009 仍保留 AutoCAD 经典界面。为了能方便地在 AutoCAD 经典、二维草图与注释和三维建模三种工作空间进行转换，单击"状态栏"右侧图标 可以对三种工作空间进行切换。

单击 ，系统弹出如图 2-5 所示的工作空间选项，选择其中的一种工作界面，立即进入相应的工作空间。

在 AutoCAD 经典、二维草图与注释界面中均可进行二维图形的绘制，在界面清晰度上各有优势。学会选择工作界面，有时两种界面可以同时选定，工作起来会更加方便。

AutoCAD 2009 三维建模工作空间比 AutoCAD 经典三维建模空间有着强大的优势，它将是 CAD 的发展方向。

（二）菜单浏览器

菜单浏览器位于应用程序窗口左上角。单击位于应用程序窗口左上角的菜单浏览器按

钮　　，系统弹出如图 2-6 所示的系统主菜单。

在二维草图与注释或三维建模界面中，运用菜单浏览器会非常有意义。

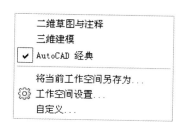

图 2-5　工作空间选项

图 2-6　系统主菜单

第二节　对　象　捕　捉

只有准确地捕捉对象，才能精确绘制图形。因此，要想精确绘制图形，必须掌握对象捕捉的方法。

一、"对象捕捉"工具条

（一）单点捕捉

在绘图时，需要用到一些特殊点，而这些特殊点又不是对象捕捉的点，那么就要用到临时追踪点。

常用的临时追踪点集中在"对象捕捉"工具条上。利用"对象捕捉"工具条可以进行单点捕捉。

调用"对象捕捉"工具条的方法：在"标准"工具栏上，单击鼠标右键，出现工具栏快捷菜单，勾选"对象捕捉"，则出现"对象捕捉"工具条，如图 2-7 所示。

图 2-7　"对象捕捉"工具条

在绘图区，按住 Shift 键或 Ctrl 键，同时单击鼠标右键，可以调出"对象捕捉"快捷菜单，如图 2-8 所示。其内容与图 2-7 基本一致。

"对象捕捉"工具条上的各捕捉点意义如下：

（1）　　：临时追踪点。

（2）：捕捉自某一点。

（3）：捕捉到端点。

（4）：捕捉到中点。

（5）：捕捉到交点。

（6）：捕捉到外观交点。

（7）：捕捉延长线。

（8）：捕捉到圆心。

（9）：捕捉到象限点。

（10）：捕捉到切点。

（11）：捕捉到垂足点。

（12）：捕捉到平行线。

（13）：捕捉到节点。

（14）：捕捉到插入点。

（15）：捕捉到最近点。

（16）：无捕捉。

（17）：对象捕捉设置。

图 2-8   "对象捕捉"快捷菜单

操作示例：绘制图 2-9 所示两圆的公切线。

（1）先单击"直线"按钮，再单击"捕捉到切点"按钮，在小圆圆周上点击一下鼠标左键，找到一个切点。

（2）再单击"捕捉到切点"按钮，在大圆周上单击鼠标左键。

（3）最后按一次回车键结束。结果如图 2-10 所示。

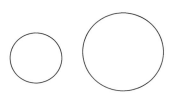

图 2-9 已知两圆

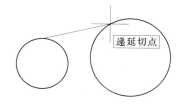

递延切点

图 2-10 绘两圆切线

（二）自动捕捉

自动捕捉分"极轴追踪"捕捉与"对象追踪"捕捉，具体操作如下：

（1）极轴追踪捕捉：打开极轴和对象捕捉，移动光标到与设置好的极轴角的位置处，动点与上一点之间产生一条虚线，并给出极轴角和极轴长度，如图 2-11 所示。

（2）对象追踪捕捉：打开极轴和对象追踪，移动光标到与需要对应的两点位置，结果在两点之间产生两条相交虚线，并给出极轴角，如图 2-12 所示。

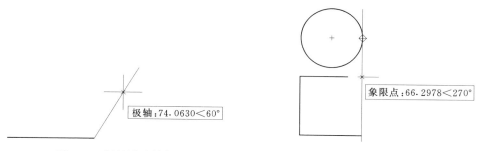

极轴:74.0630<60°

象限点:66.2978<270°

图 2-11 极轴追踪捕捉   图 2-12 对象追踪捕捉

有时极轴追踪捕捉、对象追踪捕捉和对象捕捉同时打开，三者协同操作对绘图更有利，如图 2-13 所示。

二、草图设置

"草图设置"是对状态控制对象进行设置，主要设置捕捉和栅格、极轴追踪、对象捕捉、动态输入和快捷特性。

"草图设置"的打开：工具→草图设置；光标移到状态控制按钮上单击鼠标右键→设置。

133.5195

极轴:113.5195<60°

60°

图 2-13 对象捕捉

（一）捕捉和栅格

对捕捉和栅格的间距、捕捉类型和样式进行设置，如图 2-14 所示。在"捕捉类型和样式"栏中启动"极轴捕捉"后除"栅格捕捉"可用外，其他捕捉方式失效。启动"等轴测捕捉"后光标变为" "形状，按 F5 键在水平等轴测、正面等轴测和侧面等轴测之间转换，可以绘制正等测图，此方法特别对绘正等测圆非常有意义。

（二）极轴追踪

主要用于极轴角设置，如图 2-15 所示。"增量角"一次只能选择一个值，在绘图时，以"增量角"的整数倍追踪。启用"附加角"时，可以按要求设置多个"附加角"值，在绘图时，同时以"增量角"的整数倍和所设的"附加角"追踪。

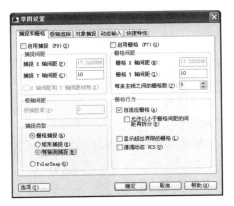

图 2-14　"捕捉与栅格"选项卡

图 2-15　"极轴追踪"选项卡

（三）对象捕捉

可以捕捉 13 种特殊点，如图 2-16 所示。具体运用时，全选可以捕捉到想要的点，但这些点离得太近就无法精确确定哪个是想要的点了。可以用"TAB"键在待选的点之间切换。最好是先全不选，然后根据需要设置捕捉点，这样选择的缺点是需要来回转换。常用捕捉点有端点、中点、圆心、交点、切点、象限点、垂足点和节点，读者在学习过程中总结经验，灵活运用。

（四）动态输入

对"指针输入"、"标注输入"和"动态提示"进行设置，如图 2-17 所示。

"指针输入"设置是对坐标"格式"和"可见性"的选择，使用时最好保留默认值；"标注输入"设置是对标注输入的字段数进行选择，选择的字段数越多，操作时跟随光标的字段越多，会给操作带来麻烦，按 Tab 键可以对标注字段逐个进行切换；"动态提示"

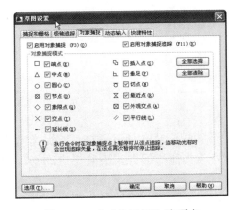

图 2-16　"对象捕捉"选项卡

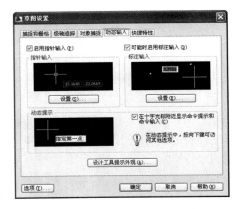

图 2-17　"动态输入"选项卡

是对动态光标的"颜色"、"大小"和"透明"度进行设置。

（五）快捷特性

对"快捷特性"对话框进行"按对象类型显示"、"位置模式"和"大小设置"进行设置，如图2-18所示。

三、选项设置

AutoCAD 启动后，默认了很多设置，基本能达到绘图要求。但有些内容还需要重新设置，以便达到满意的绘图效果。在"选项"对话框内，可以对相应参数进行设置。

打开"选项"对话框的方法："主菜单"→"工具"→"选项"；或"草图设置"→"选项"。

打开"选项"对话框后，共有 10 项内容需要进行设置。

图 2-18　"快捷特性"选项卡

图 2-19 为"选项"中的"文件"选项，此项内容一般不要修改。

图 2-20 为"选项"中的"显示"选项，此项内容有 4 处可以修改。第一处，勾选"显示屏幕菜单"，在屏幕上出现"屏幕菜单"。"屏幕菜单"在快速作图中有着非常重要的作用。勾选"在工具栏中使用大按钮"，屏幕上的所有按钮均变为大图标。一般不勾选此项。第二处，点击"颜色"，进入"颜色"设置，可以对操作环境、界面元素的颜色进行设置。改变背景色为白色，常用在文稿插入时抓取的 CAD 图。第三处，点击"字体"，进入"命令行窗口字体"，可以对命令行中的字体进行字体、字形和字号的设置。第四处，拖动"十字光标大小"滑块，可以改变屏幕上光标的十字线的长短。默认值为 5，除非特殊需要，一般不要改变此处的默认值。

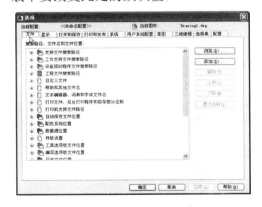

图 2-19　"文件"选项卡

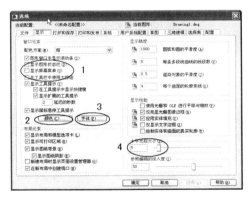

图 2-20　"显示"选项卡

图 2-21 为"选项"中的"打开和保存"选项，此项内容有 3 处可以修改。第一处，为文件保存的版本和格式。AutoCAD 高版本的软件可以打开低版本的文件，但低版本的软件打不开高版本的文件。所以为了交流的方便，尽量选择保存低版本的格式文件，如选择保存为 CAD 2000 的版本格式。第二处，为了防止意外原因，如自动关机或死机造成文件没有保存，设置自动保存文件的时间。选择自动保存的时间越短损失的内容就会越小，但机

器运行的速度却慢了。第三处，对文件进行加密处理。如果不是机要文件或特殊情况，不要对文件进行加密。

　　图 2-22 为"选项"中的"打印和发布"选项卡，如果对打印和发布不是太清楚，此处内容不要修改。

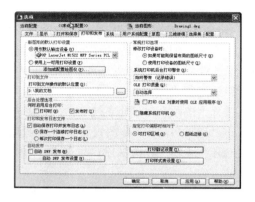

图 2-21　"打开和保存"选项卡　　　　　图 2-22　"打印和发布"选项卡

　　图 2-23 为"选项"中的"用户系统配置"选项卡，此项内容有 4 处可以修改。第一处，选择是否"双击进行编辑"和是否在"绘图区使用快捷菜单"。此处默认较好。第二处，"自定义右键单击"时的功能。这要根据个人习惯进行设置。第三处，对绘图时的默认线宽进行设置，同时可以调整默认线宽在屏幕上的显示比例，但不改变打印时的线宽。此处设置，在图形特性中有非常重要的作用。第四处，"编辑比例列表"，修改、删除或增加注释比例。

　　图 2-24 为"选项"中的"草图"选项卡，此处的"草图"选项不同于前面所讲的"草图设置"，此项内容有 2 处可以修改。第一处，"自动捕捉标记大小"，通过拖动后面的滑块，可以改变捕捉标记的大小。并不是捕捉标记越大越好，要灵活选择。第二处，"靶框大小"是指光标捕捉对象时的方框。靶框的大小也不是越大越好。

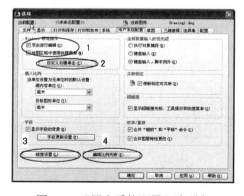

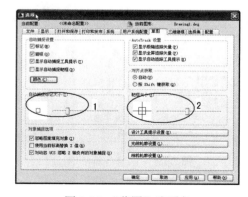

图 2-23　"用户系统配置"选项卡　　　　　图 2-24　"草图"选项卡

　　图 2-25 为"选项"中的"三维建模"选项卡，此项内容在三维建模时使用，此处不作介绍。

　　如图 2-26 为"选项"中的"选择集"选项卡，此项内容有 4 处可以修改。第一处，"拾取框大小"，通过拖动后面的滑块，可以改变光标在拾取对象时拾取框的大小。也不是拾取框越大越好。第二处，"夹点大小"是指在进行夹点编辑时，控制夹点的大小。通过拖动后面的滑块，可以控制夹点大小。第三处，"选择集模式"是指选择对象时的选择方式。一般选择默认，必要时才选择"用 Shift 键添加到选择集"。第四处，修改夹点的颜色。

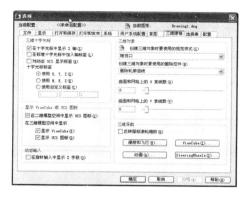
图 2-25　"三维建模"选项卡

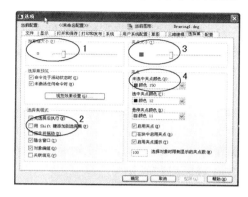
图 2-26　"选择集"选项卡

第三节　对象信息查询

　　无论是平面图形还是立体模型，每个图形对象都有自己的特性信息。查询图形对象信息是学习 AutoCAD 的基本内容。

　　查询图形对象信息的准确性与精确绘制图形有必然联系，因此精确绘图的知识将是查询的前提。

　　查询图形对象信息的方法很多，必须找出相应的方法才能使查询快速准确。比如利用"快捷特性"和"特性"功能，均可查出相应信息内容。本节所讲的对象信息查询主要是利用查询工具条对图形对象的距离、面积和质量选择性等进行查询。

　　查询的方法：①"工具"→"查询"；②调出查询工具条。

　　图 2-27 为"查询"工具条。图 2-28 为查询内容。

图 2-28　查询内容

图 2-27　"查询"工具条

一、查距离

1. 功能

查询两点之间的距离。

2. 命令的调用

（1）"查询"工具条→"距离"。

（2）命令行输入：DIST，回车。

（3）"主菜单"→"工具"→"查询"→"距离"。

（4）"功能区"→"工具"→"查询"→"距离"。

3. 操作指导

执行查询命令后，命令行提示指定第一点，然后指定第二点，命令行提示如下：

命令：dist

指定第一点： 指定第二点：

距离 = 255.5546，XY 平面中的倾角 = 0， 与 XY 平面的夹角 = 0

X 增量 = 255.5546， Y 增量 = 0.0000， Z 增量 = 0.0000

二、查面积和周长

1. 功能

计算对象或指定区域的面积和周长。

2. 命令的调用

（1）"查询"工具条→"区域"。

（2）命令行输入：AREA，回车。

（3）"主菜单"→"工具"→"查询"→"面积"。

（4）功能区→"工具"→"查询"→"区域"。

3. 操作指导

执行查询命令后，命令行提示如下：

命令：_area

指定第一个角点或 [对象(O)/加(A)/减(S)]：

如果是查询多边形的面积和周长，直接依次点击多边形的角点，如图 2-29 所示，选完最后一个角点后按 Enter 键。过程如下：

命令：_area

指定第一个角点或 [对象(O)/加(A)/减(S)]： （点击第 1 点）

指定下一个角点或按 Enter 键全选： （点击第 2 点）

指定下一个角点或按 Enter 键全选： （点击第 3 点）

指定下一个角点或按 Enter 键全选： （点击第 4 点）

指定下一个角点或按 Enter 键全选： （点击第 5 点）

指定下一个角点或按 Enter 键全选：✓

面积 = 396.6735，周长 = 76.1964

如果查询对象不是多边形，需要将图形对象转化为多段线或面域（后续内容将会讲到），然后在命令选项后选择"对象（O）"。执行如下命令：

命令：_area

指定第一个角点或[对象(O)/加(A)/减(S)]: O↙

选择对象:

面积 = 357.5347，周长 = 76.0386

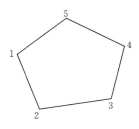

图 2-29 查询内容

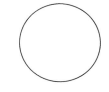

图 2-30 查询内容

如果查询的对象多于一个，并对对象求和或相减，需要选择"加（A）/减（S）"。如图 2-30 所示，求正方形与圆相加或相减的面积和周长，过程如下：

（1）正方形与圆相加。

命令: _area

指定第一个角点或[对象(O)/加(A)/减(S)]: A↙

指定第一个角点或[对象(O)/减(S)]: O↙

（"加"模式）选择对象: （选择正方形）

面积 = 357.5347，周长 = 76.0386

总面积 = 357.5347

（"加"模式）选择对象: （选择圆）

面积 = 160.1420，圆周长 = 44.8598

总面积 = 517.6766

（"加"模式）选择对象: ↙

指定第一个角点或[对象(O)/减(S)]: ↙

（2）正方形与圆相减。

命令: _area

指定第一个角点或 [对象(O)/加(A)/减(S)]: A↙ （先选择加模式，求正方形的面积）

指定第一个角点或 [对象(O)/减(S)]: O↙

（"加"模式）选择对象: （选择正方形）

面积 = 357.5347，周长 = 76.0386

总面积 = 357.5347

（"加"模式）选择对象:

指定第一个角点或 [对象(O)/减(S)]: S↙ （转换为减模式，准备减圆）

指定第一个角点或 [对象(O)/加(A)]: O↙

（"减"模式）选择对象: （选择圆）

面积 = 160.1420，圆周长 = 44.8598

总面积 = 197.3927

（"减"模式）选择对象：↙

指定第一个角点或 [对象(O)/加(A)]：↙

如果是多个对象既相加又相减，那么就通过"加（A）/减（S）"模式上转换。

三、查面域/质量特征

1. 功能

计算面域或三维实体的质量特性。

2. 命令的调用

（1）"查询"工具条→"面域/质量特性" 。

（2）命令行输入：MASSPROP，回车。

（3）"主菜单"→"工具"→"查询"→"面域/质量特性"。

（4）"功能区"→"工具"→"查询"→"面域/质量特性"。

3. 操作指导

如果查询对象不是按三维面绘制，在查询前先把它转变为三维面域，然后查询。

面域特性包括面积、周长、边界框、质心、惯性矩、惯性积、旋转半径、主力矩与质心的 X-Y-Z 方向。

实体特性包括质量、体积、边界框、形心、惯性矩、惯性积、旋转半径、主力矩与质心的 X-Y-Z 方向。

如果选择多个面域，则只接受与第一个选定面域共面的面域。

MASSPROP 命令在文本窗口中显示质量特性，并询问是否将质量特性写入文本文件。

是否将分析结果写入文件？<否>：输入 y 或 n，或按 Enter 键

如果输入 y，则 MASSPROP 命令将提示用户输入文件名。文件的默认扩展名为.mpr，该文件是可以用任何文本编辑器打开的文本文件。

MASSPROP 命令所显示的特性取决于选定的对象是面域（以及选定的面域是否与当前用户坐标系[UCS]的 XY 平面共面）还是实体。

四、列表查询

1. 功能

计算面域或三维实体的质量特性。

2. 命令的调用

（1）"查询"工具条→"列表" 。

（2）命令行输入：LIST，回车。

（3）"主菜单"→"工具"→"查询"→"列表"。

（4）"功能区"→"工具"→"查询"→"列表"。

3. 操作指导

当执行 LIST 命令后，要求选择对象。选择完对象回车后，系统立即弹出文本窗口，在文本窗口显示对象的属性。这些属性包括对象类型、对象图层、相对于当前用户坐标系（UCS）的 X、Y、Z 位置以及对象是位于模型空间还是图纸空间。

如果颜色、线型和线宽没有设置为"BYLAYER"，则 LIST 命令将报告这些项目的相关信息。如果对象厚度为非零，则列出其厚度。Z 坐标的信息用于定义标高。如果输入的拉伸方向与当前 UCS 的 Z 轴（0，0，1）不同，LIST 命令也会以 UCS 坐标报告拉伸方向。

LIST 命令还报告与选定的特定对象相关的附加信息。

用户可以使用 LIST 命令显示选定对象的特性，然后将其复制到文本文件中。

4. 操作示例

绘制图 2-31，并查询阴影区域 A 的面积及周长。

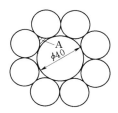

图 2-31 平面图形

图 2-32 直径 40 的圆

（1）绘制直径 40 的圆，如图 2-32 所示。

（2）16 等分圆周，如图 2-33 所示（也可 8 等分圆周，效果一样）。

（3）用"相切、相切、相切"的方式绘制三切圆，如图 2-34 所示。

图 2-33　16 等分圆周

图 2-34 三切圆

（4）8 份阵列小圆，即得原题图。

（5）单击"绘图"→ 边界(B)…，或"功能区"→"常用面板"→"边界" ，出现如图 2-35 所示的"边界创建"对话框。

图 2-35　"边界创建"对话框

图 2-36　边界创建图形

（6）在"对象类型"选项中选择"多段线"，然后单击"拾取点"按钮。系统退出"边界创建"对话框，回到绘图屏幕。在原图阴影内单击左键，再单击右键，创建一个边界图形。

注意：此时创建的边界图形是一个首尾相连的多段线，是一个整体对象。我们也可以在"对象类型"选项中选择"面域"。如果创建的是一个"面域"，它则是一个三维平面，也是一个整体对象。"多段线"和"面域"都可以作为一个整体对象，进行整体移动，然后对该对象进行查询。

（7）用"移动"命令将创建的边界移出，如图 2-36 所示。

（8）用"查询"工具条→列表查询，在"文本窗口"出现如下内容：

命令：_list

选择对象：找到 1 个

选择对象：　　　　　　　　　　　　　　　（选择阴影多段线）

LWPOLYLINE　图层：csx

空间：模型空间

句柄 = 15fe

闭合

固定宽度　　0.0000

面积　　32.9331

周长　　44.9207

于端点　X=-461.7956　Y=　71.2469　Z=　　0.0000

凸度　　-0.3033

圆心　X=-466.5403　Y=　82.7015　Z=　　0.0000

半径　　12.3983

起点角度　　　292

端点角度　　　225

于端点　X=-475.3072　Y=　73.9345　Z=　0.0000

凸度　　-0.1989

圆心　X=-484.0741　Y=　65.1676　Z=　0.0000

半径　　12.3983

起点角度　　　45

端点角度　　　0

于端点　X=-471.6758　Y=　65.1676　Z=　0.0000

按 Enter 键继续：↙

凸度　　-0.0985

圆心　X=-484.0741　Y=　65.1676　Z=　0.0000

半径　　12.3983

起点角度　　　0

端点角度　　　338

于端点　X=-472.6196　Y=　60.4230　Z=　0.0000

凸度　　-0.1989

　　　　圆心　X=-454.1420　Y=　52.7693　Z=　　0.0000

　　　　半径　　20.0000

　　起点角度　　　　　157

　　端点角度　　　　　112

注意： 要学会在文本窗口中找寻自己所要的信息内容。如**面积 32.9331**，**周长 44.9207**。

我们也可以用"区域"命令查询面积和周长，但它没有"列表"查询的信息内容多。如下：

命令：_area

指定第一个角点或［对象(O)／加(A)／减(S)］：O↙

选择对象：　　　　　　　　　　　　　　（选择阴影多段线）

<u>面积 = 32.9331</u>，<u>周长 = 44.9207</u>

课 后 练 习

1. 利用绘图的相关命令与辅助工具绘制图 2-37、图 2-38 所示图形。

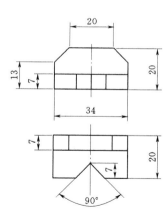

图 2-37　平面图形

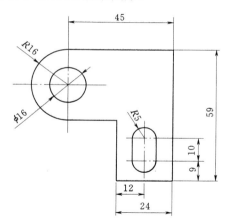

图 2-38　平面图形

2. 利用绘图的相关命令与辅助工具绘制图 2-39 所示图形，并查询阴影中的面积与周长。

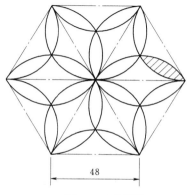

图 2-39 平面图形

第三章　图形显示控制和图形设置

图形显示控制主要是指对图形的移动、缩放和视图观察。通过对图形的显示控制，我们可以浏览图形的任何部位。它不但适用于二维图形，更能对三维图形的每个部位进行全方位的立体观察。图形设置主要是对图形格式方面的设置，以便使图形绘制、标注等更加符合国家制图规范。

第一节　图　形　显　示　控　制

在 AutoCAD 2009 中，可以通过缩放视图来观察图形对象，也可以通过平移视图来调整图形在窗口中的位置。

在二维图形中，图形显示控制命令主要包括缩放命令和平移命令。缩放视图可以调整图形对象的大小、位置，增加或减少图形对象的屏幕显示尺寸，但对象的真实尺寸保持不变，从而更准确、更详细地观察图形；平移视图可以改变显示区域，重新定位图形，以便清楚地查看图形的其他部分或当前图形窗口中不能显示的部分，此时也不会改变图形中对象的位置或比例（图形相对于图纸的实际位置并不发生变化）。在三维图形中，图形显示控制命令除了使用平移和缩放命令外，更多的是使用导航控制盘（Steering Wheels）、动态观察和三维视图。

一、图形"缩放"显示

在 AutoCAD 2009 中，单击"菜单浏览器"按钮，如图 3-1 所示，在弹出的菜单中选择"视图"→"缩放"命令（ZOOM）中的子命令，或使用"实用程序"面板中的工具按钮，都可以实现缩放视图。

图 3-1　"视图—缩放"菜单浏览器

1. 实时缩放视图

单击"菜单浏览器"按钮，在弹出的菜单中选择"视图"→"缩放"→"实时"命令，或在"功能区"选项板中选择"常用"选项卡，在"实用程序"面板中单击"实时" _{实时}

按钮，都可以进入实时缩放模式，此时鼠标指针呈 ₊ 形状。向上拖动光标可放大整个图形；向下拖动光标可缩小整个图形；按 Esc 键或 Enter 键停止缩放。

2. 窗口缩放视图

单击"菜单浏览器"按钮，在弹出的菜单中选择"视图"→"缩放"→"窗口"命令，或在"功能区"选项板中选择"常用"选项卡，在"实用程序"面板中单击"窗口" _{窗口}

按钮，都可以在屏幕上拾取两个对角点以确定一个矩形窗口，之后系统将矩形范围内的图形放大至整个屏幕。

在使用窗口缩放时，如果系统变量 REGENAUTO 设置为关闭状态，那么与当前显示设置的界线相比，拾取区域显得过小。系统提示将重新生成图形，并询问是否继续下去，此时应回答 No，并重新选择较大的窗口区域。

3. 动态缩放视图

单击"菜单浏览器"按钮，在弹出的菜单中选择"视图"→"缩放"→"动态"命令，或在"功能区"选项板中选择"常用"选项卡，在"实用程序"面板中单击"动态" _{动态}

按钮，可以动态缩放视图。当进入动态缩放模式时，在屏幕中将显示一个带"×"的矩形方框。单击鼠标左键，此时选择窗口中心的"×"消失，显示一个位于右边框的方向箭头，拖动鼠标可改变选择窗口的大小，以确定选择区域大小，最后按下 Enter 键，即可缩放图形。

4. 显示上一个视图

在图形中进行局部特写时，可能经常需要将图形缩小以观察总体布局，然后又希望重新显示前面的视图。这时就可以单击"菜单浏览器"按钮，在弹出的菜单中选择"视图"→"缩放"→"上一个"命令，或在"功能区"选项板中选择"常用"选项卡，在"实用程序"面板中单击"上一个" _{上一个} 按钮，使用系统提供的显示上一个视图功能，快速回到最初的一个视图。

如果正处于实时缩放模式，单击鼠标右键，从弹出的快捷菜单中选择"缩放为原窗口"命令，即可回到最初的使用实时缩放过的缩放视图。

5. 按比例缩放视图

单击"菜单浏览器"按钮，在弹出的菜单中选择"视图"→"缩放"→"比例"命令，或在"功能区"选项板中选择"常用"选项卡，在"实用程序"面板中单击"缩放" _{缩放}

按钮，都可以按一定的比例来缩放视图。此时命令行显示如下提示信息：

命令：'_zoom

指定窗口的角点，输入比例因子（nX 或 nXP），或者

[全部 (A) /中心 (C) /动态 (D) /范围 (E) /上一个 (P) /比例 (S) /窗口 (W) /对象 (O)] <实时>: _s

输入比例因子（nX 或 nXP）:

要指定相对的显示比例，可输入带 X 的比例因子数值。例如，输入 2X 将显示比当前视图大两倍的视图。如果正在使用浮动视口，则可以输入 XP 来相对于图纸空间进行比例缩放。

6. 设置视图中心点

单击"菜单浏览器"按钮，在弹出的菜单中选择"视图"→"缩放"→"中心点"命令，或在"功能区"选项板中选择"常用"选项卡，在"实用程序"面板中单击"中心"　　中心 按钮，在图形中指定一点，然后指定一个缩放比例因子或者指定高度值来显示一个新视图，而选择的点将作为该新视图的中心点。如果输入的数值比默认值小，则会放大图像；如果输入的数值比默认值大，则会缩小图像。

7. 其他缩放命令

在"视图"→"缩放"命令中，还包括以下几个子命令，它们的功能如下：

（1）"对象"命令。显示图形文件中的某一个部分。选择该模式后，单击图形中的某个部分，该部分将显示在整个图形窗口中。

（2）"放大"命令。选择该模式一次，系统将整个视图放大 1 倍，即默认比例因子为 2。

（3）"缩小"命令。选择该模式一次，系统将整个图形缩小 1 倍，即默认比例因子为 0.5。

（4）"全部"命令。显示整个图形中的所有对象。在平面视图中，它以图形界限或当前图形范围为显示边界，在具体情况下，范围最大的将作为显示边界。如果图形延伸到图形界限以外，则仍将显示图形中的所有对象，此时的显示边界是图形范围。

（5）"范围"命令。在屏幕上尽可能大地显示所有图形对象。与全部缩放模式不同的是，范围缩放使用的显示边界只是图形范围而不是图形界限。

连续双击鼠标滚轮，可以同样实现"范围"显示图形对象。

二、图形"平移"显示

单击"菜单浏览器"按钮（图 3-2），在弹出的菜单中选择"视图"→"平移"命令（PAN）中的子命令，就可以平移视图。平移包括实时平移和定点平移。

1. 实时平移

单击"菜单浏览器"按钮，在弹出的菜单中选择"视图"→"平移"→"实时"命令，或在状态栏中单击"平移"　　按钮，此时光标指针变成一只

图 3-2　"视图—平移"菜单浏览器

小手　　。按住鼠标左键拖动，窗口内的图形就可按光标移动的方向移动。释放鼠标，可

返回到平移等待状态。按 Esc 键或 Enter 键退出实时平移模式。

绘图区中，在无命令的状态下，按住鼠标滚轮不放，同样可以图形平移。

2. 定点平移

单击"菜单浏览器"按钮，在弹出的菜单中选择"视图"→"平移"→"定点"命令，可以通过指定基点和位移值来平移视图。

三、控制盘（Steering Wheels）、动态观察和三维视图观察图形

1. 控制盘（Steering Wheels）查看图形

如图 3-3 所示，控制盘（Steering Wheels）被划分成不同部分（称作按钮）的追踪菜单，每个按钮代表一种导航工具。控制盘将多个常用导航工具结合到一个单一界面中，可以以不同方式平移、缩放或操作模型的当前视图，从而为用户节省了时间。

图 3-3　控制盘

控制盘（二维导航控制盘除外）具有两种不同模式：大控制盘和小控制盘。要更改控制盘的当前模式，请在控制盘上单击鼠标右键，然后选择另一模式。

除更改当前模式外，还可以调整控制盘的不透明度和大小。控制盘的大小控制显示控制盘上的按钮和标签的大小；不透明度级别控制被控制盘遮挡的模型中对象的可见性。用于控制控制盘外观的设置在"Steering Wheels 设置"对话框中提供。

在控制盘上选择一种模式后，按住鼠标左键不放，然后进行相应操作。操作方法同前。

2. 三维动态观察

（1）受约束的动态观察 ⊕：沿 XY 平面或 Z 轴约束三维动态观察（3DORBIT）。

（2）自由动态观察 ：不参照平面，在任意方向上进行动态观察。沿 XY 平面和 Z 轴进行动态观察时，视点不受约束（3DFORBIT）。

图 3-4　三维视图

（3）连续动态观察 ：连续地进行动态观察。在要连续动态观察移动的方向上单击鼠标左键并拖动，然后松开。轨道沿该方向继续移动（3DCORBIT）。

3. 三维视图

三维视图就是根据名称或说明选择预定义的标准正交视图和等轴测视图。快速设置视图的方法是选择预定义的三维视图，如图 3-4 所示。这些视图常用选项：俯视、仰视、主视、左视、右视和后视。此外，可以从以下等轴测选项设置视图：SW（西南）等轴测、SE（东南）等轴测、NE（东北）等轴测和 NW（西北）等轴测。

三维视图可以快速地对图形进行正交或等轴测查看。

第二节　设置图形单位和图形界限

图形格式方面的设置包括图形特性设置、图形样式设置和图形单位与界限的设置，如图 3-5 所示。

这里只介绍图形单位与界限的设置，其他的设置方式将在后续章节介绍。

图 3-5　图形格式

一、设置图形单位

在 AutoCAD 中，用户可以采用 1∶1 的比例因子绘图，因此，所有的直线、圆和其他对象都可以以真实大小来绘制。例如，如果一个房屋长 30m，那么它也可以按 30m 的真实大小来绘制，在需要打印出图时，再将图形按图纸大小进行缩放。

用户可以选择"格式"→"单位"命令，也可以单击"菜单浏览器"按钮，在弹出的菜单中选择"格式"→"单位"命令（UNITS），打开"图形单位"对话框。在打开的"图形单位"对话框中，设置绘图时使用的长度单位、角度单位，以及单位的显示格式和精度等参数，如图 3-6 所示。

在"图形单位"对话框中单击"方向"按钮，弹出"方向控制"对话框，系统默认东（E）为零，角度逆时针为正，如图 3-7 所示。

图 3-6　"图形单位"对话框

图 3-7　"方向控制"对话框

二、设置绘图界限

在中文版 AutoCAD 2009 中，用户不仅可以通过设置参数选项和图形单位来设置绘图环境，还可以设置绘图界限。

单击"菜单浏览器"按钮，在弹出的菜单中选择"格式"→"图形界限"命令（LIMITS）来设置图形界限。也可以在主菜单中选择"格式"→"图形界限"命令，或在命令行中输入 LIMITS，都可执行图形绘制界限命令。

图形界限实际上是在模型空间中设置一个想象的矩形绘图区域。它确定的区域是可见栅格指示的区域，也是执行"视图"→"缩放"→"全部"命令时决定显示多大图形的一个参数，它的大小取决于所绘图形的尺寸范围。在绘图过程中，为了更方便地绘制图形及更好地显示图形大小，通常需要设置图形界限并使其在绘图窗口中全屏显示。

图形界限设置的操作方法如下。

（1）"格式"→"图形界限"。

AutoCAD 提示：

命令：LIMITS

重新设置模型空间界限：　　//系统提示信息

指定左下角点或[开(ON)/关(OFF)]<0.0000,0.0000>：✓（用鼠标或者输入坐标值定位左下角点）

指定右上角点<420.0000,297.0000>：594，420✓　　（用鼠标或者输入坐标值定位右上角点）

（2）"视图"→"缩放"→"全部"。

AutoCAD 提示：

命令：'_zoom

指定窗口的角点，输入比例因子（nX 或 nXP），或者

[全部(A)/中心(C)/动态(D)/范围(E)/上一个(P)/比例(S)/窗口(W)/对象(O)]<实时>：_all 正在重生成模型。

课　后　练　习

1. 利用 LIMITS 命令设置 A2（594mm×420mm）的图形界限，并绘制图 3-8 所示图形。

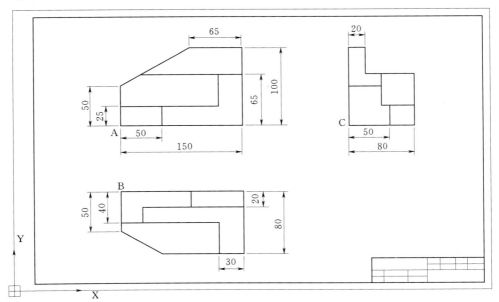

图 3-8　三视图

2. 根据图形尺寸设置合适的图形界限，按 1 : 1 绘制图 3-9 所示图形。

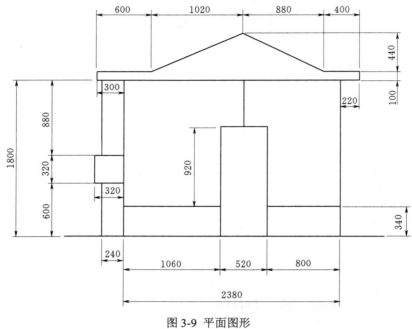

图 3-9 平面图形

第四章 图层和特性

图层是重要的图形组织和管理工具。合理运用图层，将会极大地提高绘图质量，也使得各种图形信息的处理变得十分简单、方便和快捷。

一、图层的概念和特点

1. 图层的概念

用 AutoCAD 2009 绘制的每一个图形对象，不仅具有形状、尺寸等几何特性，而且还具有相应的图形信息，如颜色、线型、线宽以及状态等。

为此，AutoCAD 引入"图层"概念，即在绘制图形时，将每个图形元素或同一类图形对象组织成一个图层，并给每一个图层指定相应的名称、线型、线宽、颜色和打印样式。例如在一张图纸上包括了图框、实线、虚线、中心线、尺寸标注等众多信息，可以将组成图形各个部分的信息分别指定绘制在不同的图层中，将图框放置在某一个图层上，将尺寸标注放置在另外一个图层上，将实线、虚线、中心线分别放置在另外一些图层上，然后将这些

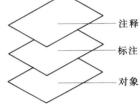

图 4-1 图层的概念

不同的图层重叠在一起就成为了一张完整的图纸，如图 4-1 所示。若要对某一类图形对象进行操作，则只需要通过管理工具打开它所在的图层即可。如果需要针对某部分图形对象操作，可以将需要进行操作的图形显示出来，而关闭无关的图层。

简单地理解图层，就好像一张没有厚度的透明纸。每张透明纸都可以绘制图线、尺寸和文字等不同的图形信息。对于一张含有不同线型、不同颜色且由多个图形对象构成的复杂图形，如果把同一种线型和颜色的图形对象都放在同一张透明纸上，那么一张图纸上的完整图形就可以看成是由以上若干张具有相同坐标系的透明纸所绘制的图形叠加而成。

2. 图层的特点

图层具有以下一些特点：

（1）图层名：每一个图层都有自己的名字，以便查找。在同一张图形中，不能建立两个具有相同名称的图层。图层名最多可以包含 255 个字符（双字节字符或由字母和数字组成的字符）：字母、数字、空格和几种特殊字符。图层名不能包含以下字符：<>/\ ":; ? *|='。

用户可以在一幅 CAD 图中创建任意数量的图层。系统对一幅 CAD 图中的图层数量没有限制，对每一图层上的实体数也没有任何限制。

（2）颜色、线型、线宽设置：每个图层只能设置一种颜色、一种线型和一种线宽，不同的图层可以具有相同的颜色、线型和线宽。

（3）图层的状态：系统提供了控制图层状态的方法，用户可以对各图层进行打开和关闭、冻结和解冻、锁定和解锁等操作的控制，以决定各图层的可见性和可操作性。

虽然系统允许用户建立多个图层，但用户只能在当前图层中进行绘图操作。AutoCAD的当前图层只有一个。各图层具有相同的坐标系、绘图界限、显示时的缩放倍数。

二、图层的创建

图层的创建就是对新图层进行命名，以及对图层的线型、颜色、线宽和打印样式等特性进行定义。

AutoCAD 提供了"图层特性管理器"对话框，用户通过对话框中的各个选项可以很方便地对图层进行设置，从而实现建立新图层、设置图层的颜色和线型等操作。

进入图层设置的方式有四种：

（1）在命令提示符下输入 Layer 命令，并按 Enter 键或空格键。

（2）菜单栏：选择"格式"→"图层"命令。

（3）工具栏：单击"图层"工具栏上的"图层特性管理器"按钮。

（4）功能区面板中，单击"常用"→"图层"→"图层特性管理器"按钮。

激活此命令后，显示"图层特性管理器"对话框，如图 4-2 所示。

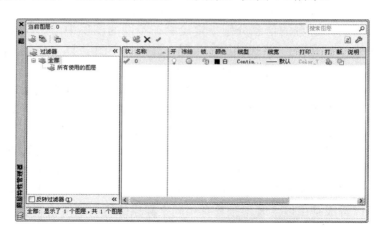

图 4-2 "图层特性管理器"对话框

1. 图层设置

在"图层特性管理器"对话框中，可以通过对话框上的一系列按钮对图层进行基本操作。

（1）"新建"图层：单击该按钮，图层列表框中显示新创建的图层。第一次新建，列表中将显示名为"图层 1"的图层，随后名称便递增为"图层 2"、"图层 3"……。该名称处于选中状态，可以直接输入一个新图层名，例如"墙线"等。通常图层名称应使用描述性文字，例如标注、墙线、柱子和轴线等。

修改图层名称：选择某一层名后单击"名称"选项，可修改该层的层名。图层名和颜色只能在图层特性管理器中修改，不能在"图层"控件中修改。

（2）"删除"图层按钮：单击该按钮，可以删除用户选中的要删除的图层。注意不能删除 0 层、当前层及包含图形对象的层。

（3）"置为当前" ✏ 按钮：单击该按钮，将选中图层设置为当前图层。将要创建的对象会被放置到当前图层中。

2．图形特性设置

（1）设置层的颜色：选定某层，单击该层对应的颜色选项，弹出"选择颜色"对话框。从调色板中选择一种颜色，或者在"颜色"文本框直接输入颜色名（或颜色号）指定颜色。AutoCAD 提供了丰富的颜色，共有三个选项板：索引颜色、真彩色、配色系统。其中索引颜色共 255 种，以颜色号（ACI）来表示，颜色编号是从 1 到 255 中的整数，其中 1～7 号颜色为基本颜色，颜色的名称分别为：1 红色、2 黄色、3 绿色、4 青色、5 蓝色、6 品红色、7 黑色/白色，如图 4-3 所示。

图 4-3 "选择颜色"对话框

图 4-4 "选择线型"对话框

（2）设置层的线型：在所有新建的图层上，系统会按基础层设置线型。如果用户不指明线型，则按默认方式把该图层的线型设置为 Continuous，即为实线。选定某层，单击该层对应的线型选项，系统弹出"选择线型"对话框，如图 4-4 所示。如果所需线型已经加载，可以直接在线型列表框中选择后单击"确定"按钮。若没有所需线型，可单击"加载"按钮，将弹出"加载或重载线型"对话框，用户可以通过此对话框选择一个或多个线型加载。如果要使用其他线型库中的线型，可单击"文件"按钮，弹出"选择线型文件"对话框，在该对话框线型库中选择需要的线型。

（3）设置层的线宽：如果用户要改变图层的线宽，可单击位于"线宽"栏下的图标，系统弹出"线宽"对话框，如图 4-5 所示。通过"线宽"对话框选择合适的线宽，然后单击"确定"按钮完成操作。

（4）设置图层的可打印性：如果关闭某一层的打印设置，那么在打印输出时就不会打印该层上的对象。但是，

图 4-5 "线宽"对话框

该层上的对象在 AutoCAD 中仍然是可见的。该设置只影响解冻层。对于冻结层，即使打印设置是打开的，也不会打印输出该层。

三、图层的控制管理

图层的控制管理包括图层开关、图层冻结和图层锁定。

打开/关闭图层 ：如果图层被打开，则该图层上的图形可以在显示器上或打印机（绘图仪）上显示或输出；当图层关闭时，被关闭的图层仍然是图的一部分，它们不被显示和输出。用户可以根据需要随意单击图标切换层开关状态。

冻结/解冻图层 ：如果图层被冻结，则该图层上的图形不被显示，也不能被打印出来；解冻的图层是可见的，也能被打印。

从可见性来看，冻结的层和关闭的层是相同的，但前者的实体不参加重生成、消隐、渲染或打印等操作，而关闭的图层则要参加这些操作。所以复杂的图形中冻结不需要的图层可以大大加快系统重新生成图形时的速度。需要注意的是用户不能冻结当前层。

锁定/解锁图 层：锁定并不影响图形实体的显示，但用户不能改变锁定层上的实体，不能对其进行编辑操作。如果锁定层是当前层，用户仍可在该层上作图。当只想将某一层作为参考层而不想对其修改时，可以将该层锁定。

图 4-6 显示了建立建筑图常见的几个图层,共设置有标题栏、尺寸标注、辅助线、门窗、墙线、文字标注和轴线等图层。

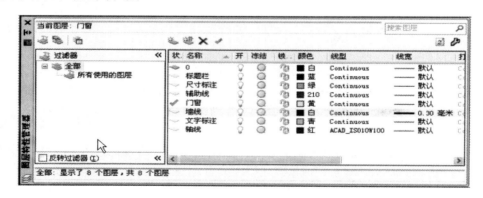

图 4-6   图层的建立和管理

四、图形特性修改

绘制的每个图形对象都具有特性，如图 4-7 所示。有些特性是基本特性，适用于多数对象，例如图层、颜色、线型和打印样式。有些特性是某个对象自身具有的特性，例如圆的特性包括半径和面积，直线的特性包括长度和角度。我们可以通过修改选择的图形对象的特性，来达到编辑图形对象的效果。

利用图形特性来编辑图形是 AutoCAD 提供的一个非常强大的编辑功能，或者说是一种编辑图形对象的方法。这里我们不讲解利用"特性"编辑图形，在后面的章节中会有介绍。

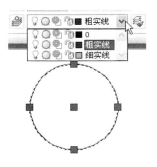

图 4-7 "特性"对话框 图 4-8 修改图层

1. 利用图层修改图形特性

如果我们想对已具有相应图形特性的图形元素进行修改，我们只要选中要修改的图形元素，使其处于夹点控制状态，然后更改其图层，那么该对象就会通过图层改变属性。如图 4-8 所示，我们将粗实线的圆修改为细实线的圆。

2. 利用"匹配"修改图形特性

利用"匹配"修改图形的特性，实质上是修改图形的图层特性。

如图 4-9 所示，我们要想使细实圆修改为粗实圆，首先在标准工具栏上点击"匹配" 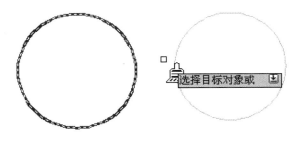 按钮，用光标点击粗实圆，这时光标变成小刷子的形状，粗实圆变成虚线，再用光标

图 4-9 "匹配"修改

（小刷子）去点击细实圆，细实圆则具有粗实圆的图层特性。

课 后 练 习

设置 4 个图层：粗实线（颜色为红色，线宽 0.5）、细实线（颜色为绿色，线宽 0.18）、虚线（ISO02W100 颜色为品红色，线宽 0.25）、点划线（ISO04W100 颜色为黄色，线宽 0.18）。按要求完成下面图形：

（1）用 A4 图幅竖放，按制图标准绘制线型练习，如图 4-10 所示。已知图幅左下角点为坐标原点，圆心 O 的坐标为（115，163），图中 A、B、C、D 的坐标分别为 A（45，228）、B（173，213）、C（57，213）、D（45，98）。

（2）用 A4 图幅横放，按制图标准绘制三视图，如图 4-11 所示。

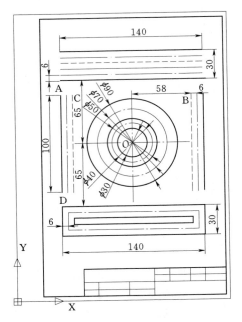

图 4-10　线型练习

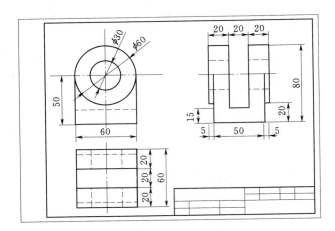

图 4-11　三视图

第五章　二维图形的绘制与编辑（一）

第一节　二维图形的绘制命令

一、线的绘制

本章讲的线主要是直线、射线、构造线及多段线。

（一）直线

1. 功能

绘制一系列连续的线段，且每条线段可进行单独编辑。

2. 命令的调用

（1）在命令行中输入：LINE。

（2）在下拉菜单中单击："绘图"→"直线"。

（3）在"绘图"工具条单击"直线"按钮： 。

（4）在功能面板上单击："常用"→"绘图"→"直线"。

3. 操作指导

执行"LINE"命令后，命令行提示：

命令：_line 指定第一点：↙

指定下一点或［放弃(U)］：　　　　　（在屏幕上左键单击选择某一指点）

指定下一点或［放弃(U)］：　　　　　（在屏幕上左键单击选择另一指点）

指定下一点或［闭合(C)/放弃(U)］：（单击右键选择确认退出；或按回车结束命令）

参数说明：

"放弃（U)"：输入"U"后回车，表示取消上一步操作。

"闭合（C)"：输入"C"后回车，表示所画直线的最后一点与第一点相连，使线框闭合。

注意：绘制水平和竖直直线时，我们可以打开正交模式（点击状态栏上的"正交"按钮或按 F8 键）直接输入两点之间的距离，来确定直线。

当把状态栏上的" "（动态输入，或按 F12 键）按钮打开后，绘制直线时，可以动态绘制任意方向和长度的线段，如图 5-1 所示。在图 5-1 中，执行"直线"命令，在屏幕上确定第一点后，可以先把光标移动到已知夹角，如 40°（直线与水平线的夹角）的位置上，然后输入线段的长度 100 回车，接着绘制下一段直线。

4. 操作示例

绘制如图 5-2 所示的图形。

图 5-1　动态输入

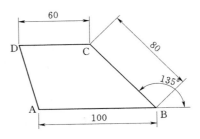

图 5-2　已知图形

命令：_line 指定第一点：　　　　　　　　　　（指定 A 点）

指定下一点或 [放弃(U)]：100↙　　　　　　　（确定 B 点）

指定下一点或 [放弃(U)]：80　　135↙　　　　（"动态"输入，绘制 BC）

指定下一点或 [闭合(C)/放弃(U)]：60↙　　　（确定 D 点）

指定下一点或 [闭合(C)/放弃(U)]：c↙　　　　（图形自动闭合）

注意：在动态输入绘制 BC 时，先输入长 80，然后用 Tab 键进入角度，输入 135，回车，如图 5-3 所示。

（二）射线

1. 功能

创建始于一点并继续无限延伸的直线。

2. 命令的调用

（1）在命令行中输入：　RAY。

（2）在下拉菜单中点击："绘图"→"射线"。

（3）在功能面板上单击："常用"→"绘图面板"→"射线"。

3. 操作指导

（1）在命令提示下，输入 ray。

（2）指定射线的起点。

（3）指定射线要经过的点。

（4）根据需要继续指定点创建其他射线。

（5）所有后续射线都经过第一个指定点。

（6）按 Enter 键结束命令。

注意：射线是一条单向无限长的线段，起点和通过点确定了射线延伸的方向，它通常是作为我们作图时的辅助线来使用。

（三）构造线

1. 功能

创建无限长的线。

2. 命令的调用

（1）在命令行中输入：　XLINE。

（2）在下拉菜单中单击："绘图"→"构造线"。

（3）在"绘图"工具条单击"构造线"按钮：✐。

（4）在功能区中单击："常用"→"绘图"→"构造线"。

3. 操作指导

命令：xline↙

指定点或 [水平(H)/垂直(V)/角度(A)/二等分(B)/偏移(O)]：　　　　（在屏幕上指定第一个点）

指定通过点：　　　　　　　　　　　　　　（在屏幕上指定第二个点）

指定通过点：↙

参数说明：

"指定点"：用无限长直线所通过的两点定义构造线的位置。

指定通过点：　指定构造线通过的第二个点，或按 Enter 键结束命令，创建通过指定点的构造线。

"水平"：输入 H 后回车，可创建通过选定点的水平参照线。

"垂直"：输入 V 后回车，可创建通过选定点的垂直参照线。

"角度"：以指定的角度创建通过选定点的参照线。

"二等分"：创建已知角的角平分线，该线为两端无限延伸的参照线。

命令：_xline 指定点或 [水平(H)/垂直(V)/角度(A)/二等分(B)/偏移(O)]：b

指定角的顶点：指定顶点。

指定角的起点：指定起始边点。

指定角的端点：指定终止边点，　或按 Enter 键结束命令。

"偏移"：创建平行于已知直线的参照线。

（四）　多段线

1. 功能

作为单个对象创建的相互连接的线段序列。可以创建直线段、弧线段或两者的组合线段。

2. 命令的调用

（1）在命令行中输入："PLINE"。

（2）在下拉菜单中单击："绘图"→"多段线"。

（3）在"绘图"工具条上单击"多段线"按钮：⤵。

（4）在功能区中单击："常用"→"绘图"→"多段线"。

3. 操作指导

命令：_pline↙

指定起点：

当前线宽为 0.0000

指定下一个点或 [圆弧(A)/半宽(H)/长度(L)/放弃(U)/宽度(W)]：

指定下一点或 [圆弧(A)/闭合(C)/半宽(H)/长度(L)/放弃(U)/宽度(W)]：

参数说明：

"下一点"：绘制一条直线段。将显示前一个提示。

"圆弧"：将弧线段添加到多段线中。

指定圆弧的端点或

[角度(A)/圆心(CE)/闭合(CL)/方向(D)/半宽(H)/直线(L)/半径(R)/第二个点(S)/放弃(U)/宽度(W)]：

指定第二点或输入选项。

注意：对于 PLINE 命令的"圆心"选项，输入 ce；对于"中心"对象捕捉，输入 cen 或 center。

圆弧端点：绘制弧线段。弧线段与多段线的上一段相切。将显示前一个提示。

角度：指定弧线段从起点开始的包含角。

指定包含角：输入正数将按逆时针方向创建弧线段，输入负数将按顺时针方向创建弧线段。

"半宽"：指定从宽多段线线段的中心到其一边的宽度。

指定起点半宽 <当前>：输入值或按 Enter 键。

指定端点半宽 <起点宽度>：输入值或按 Enter 键。

起点半宽将成为默认的端点半宽。端点半宽在再次修改半宽之前将作为所有后续线段的统一半宽。宽线线段的起点和端点位于宽线的中心。

"放弃"：删除最近一次添加到多段线上的弧线段。

"宽度"：指定下一弧线段的宽度。

指定起点宽度 <当前>：输入值或按 Enter 键。

指定端点宽度 <起点宽度>：输入值或按 Enter 键。

起点宽度将成为默认的端点宽度。端点宽度在再次修改宽度之前将作为所有后续线段的统一宽度。宽线线段的起点和端点位于宽线的中心。

"直线（L）"和"圆弧（A）"选项可以使多段线在直线与圆弧之间进行切换。

注意：多段线可以单独的由直线段或曲线段组成，也可以由直线段和曲线段共同组成，它是一个组合对象，在被选择时是作为一个整体被选择。它可以定义整个线段的宽度，也可以定义起、终点的宽度，使线宽成渐变方式变化。常用来绘制粗实线或箭头。我们在绘图过程中应根据具体情况利用其所提供的功能。

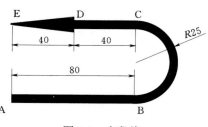

图 5-4 多段线

4. 操作示例

用多段线的命令绘制图 5-4 所示图形。

（1）绘制 AB 直线。

命令：_pline✓

指定起点：

当前线宽为 0.0000

指定下一个点或 [圆弧(A)/半宽(H)/长度(L)/放弃(U)/宽度(W)]：<正交开>w✓

指定起点宽度：5✓

指定端点宽度 <5.0000>: 5↙

指定下一个点或 [圆弧(A)/半宽(H)/长度(L)/放弃(U)/宽度(W)]: 80↙ （光标在右）

（2）绘制 BC 圆弧。

指定下一点或 [圆弧(A)/闭合(C)/半宽(H)/长度(L)/放弃(U)/宽度(W)]: a↙

指定圆弧的端点或

[角度(A)/圆心(CE)/闭合(CL)/方向(D)/半宽(H)/直线(L)/半径(R)/第二个点(S)/放弃(U)/宽度(W)]: 50↙ （光标在上）

（3）绘制 CD 直线。

指定圆弧的端点或

[角度(A)/圆心(CE)/闭合(CL)/方向(D)/半宽(H)/直线(L)/半径(R)/第二个点(S)/放弃(U)/宽度(W)]: l↙

指定下一点或 [圆弧(A)/闭合(C)/半宽(H)/长度(L)/放弃(U)/宽度(W)]: 40↙ （光标在左）

（4）绘制 DE 箭头。

指定下一点或 [圆弧(A)/闭合(C)/半宽(H)/长度(L)/放弃(U)/宽度(W)]: w↙

指定起点宽度 <5.0000>: 10↙

指定端点宽度 <10.0000>: 0↙

指定下一点或 [圆弧(A)/闭合(C)/半宽(H)/长度(L)/放弃(U)/宽度(W)]: 40 ↙ （光标在左）

二、圆弧曲线的绘制

（一）圆

1. 功能

用指导半径作圆。

2. 命令的调用

（1）在命令行中输入：CIRCLE。

（2）在下拉菜单中单击："绘图"→"圆"。

（3）在"绘图"工具条单击"圆"按钮： 。

（4）在功能区中单击："常用"→"绘图"→"圆"。

3. 操作指导

命令：_circle

指定圆的圆心或 [三点(3P)/两点(2P)/相切、相切、半径(T)]: （在屏幕上指定一点作为圆心）

指定圆的半径或 [直径(D)]: （在屏幕上指定或在键盘上输入圆的半径或直径）

参数说明：

"指定圆的圆心"：确定圆心的位置。

"三点（3P）"：当输入"3P"然后回车时，系统会出现以下的命令过程：

指定圆的圆心或 [三点(3P)/两点(2P)/相切、相切、半径(T)]: 3P↙ （输入圆周上

的三个点画圆）

指定圆上的第一点：　　　　　　　　　　　　　　　　　（在屏幕上指定第一点）

指定圆上的第二点：　　　　　　　　　　　　　　　　　（在屏幕上指定第二点）

指定圆上的第三点：　　　　　　　　　　　　　　　　　（在屏幕上指定第三点）

"两点（2P）"：当输入"2P"然后回车时，系统会出现以下的命令过程：

指定圆的圆心或 [三点(3P)/两点(2P)/相切、相切、半径(T)]：2P✓　　　（输入圆直径的两个端点画圆）

指定圆直径的第一个端点：　　　　　　　　　　　　　（在屏幕上指定第一点）

指定圆直径的第二个端点：　　　　　　　　　　　　　（在屏幕上指定第二点）

"相切、相切、半径（T）"：当输入"T"然后回车时，系统会出现以下的命令过程：

指定圆的圆心或 [三点(3P)/两点(2P)/相切、相切、半径(T)]：T✓　　　（指定圆上的两个切点并输入半径画圆）

在对象上指定一点作圆的第一条切线：　　　　　　　　（在屏幕上指定切点）

在对象上指定一点作圆的第二条切线：　　　　　　　　（在屏幕上指定切点）

指定圆的半径 <126.0015>：200✓　　　　　　　　　　（输入圆的半径）

注意：用 AutoCAD 画圆时，有 6 种画法，如图 5-5 所示。其中"相切、相切、半径"和"相切、相切、相切"这种画法最常用。

4. 操作示例

作一个圆与两直线和圆相切，如图 5-6 所示。

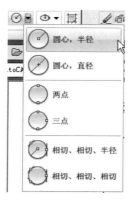

图 5-5　圆的画法

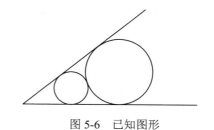

图 5-6　已知图形

（1）作两相交直线。

命令：_line 指定第一点：

指定下一点或 [放弃(U)]：

指定下一点或 [放弃(U)]：

（2）作一圆与两直线相切（切、切、半）。

命令：_circle 指定圆的圆心或 [三点(3P)/两点(2P)/切点、切点、半径(T)]：t

指定对象与圆的第一个切点：

指定对象与圆的第二个切点：

指定圆的半径 <21.3862>: 20 ∠

（3）作一圆与两直线和圆相切（切、切、切）。

命令：_circle 指定圆的圆心或 [三点(3P)/两点(2P)/切点、切点、半径(T)]: _3p 指定圆上的第一个点: _tan 到

指定圆上的第二个点: _tan 到

指定圆上的第三个点: _tan 到

（二）圆弧

1. 功能

指定圆心、端点、起点、半径、角度、弦长和方向值的各种组合形式，绘制圆弧。

2. 命令的调用

（1）在命令行中输入：ARC。

（2）在下拉菜单中单击："绘图"→"圆弧"。

（3）在"绘图"工具条单击"圆弧"按钮：

3. 操作指导

AutoCAD 中给出了我们 11 种画圆弧的方法，如图 5-7 所示。

在这里我们将重点介绍其中几种。

（1）三点。当执行"三点"的命令时，系统有如下的命令过程：

命令：_arc 指定圆弧的起点或 [圆心(CE)]: （选择或输入一点作为圆弧的起点）

指定圆弧的第二点或 [圆心(CE)/端点(EN)]: （选择或输入一点作为圆弧的第二点）

指定圆弧的端点: （选择或输入一点作为圆弧的端点）

图 5-7　圆弧的画法

（2）起点、圆心、端点。当执行"起点、圆心、端点"的命令时，系统有如下的命令过程：

命令：_arc 指定圆弧的起点或 [圆心(CE)]: （选择或输入一点作为圆弧的起点）

指定圆弧的第二点或 [圆心(CE)/端点(EN)]: _c 指定圆弧的圆心: （选择或输入一点作为圆弧的圆心）

指定圆弧的端点或 [角度(A)/弦长(L)]: （选择或输入一点作为圆弧的端点）

（3）起点、圆心、角度。当执行"起点、圆心、角度"的命令时，系统有如下的命令过程：

命令：_arc 指定圆弧的起点或 [圆心(CE)]: （选择或输入一点作为圆弧的起点）

指定圆弧的第二点或 [圆心(CE)/端点(EN)]: _c 指定圆弧的圆心: （选择或输入一点作为圆弧的圆心）

指定圆弧的端点或 [角度(A)/弦长(L)]: _a 指定包含角: 60∠ （输入圆弧的角度，逆时针为正）

（4）起点、圆心、长度。当执行"起点、圆心、长度"的命令时，系统有如下的命令过程：

命令：_arc 指定圆弧的起点或 [圆心(CE)]：　　（选择或输入一点作为圆弧的起点）

指定圆弧的第二点或 [圆心(CE)/端点(EN)]：_c 指定圆弧的圆心：（选择或输入一点作为圆弧的圆心）

指定圆弧的端点或 [角度(A)/弦长(L)]：_l 指定弦长：　　（指定圆弧弦的长度，逆时针为正）

绘制圆弧还有以下 7 种方法：

（1）起点、端点、角度：指定圆弧的起点、端点和角度来绘制圆弧。

（2）起点、端点、方向：指定圆弧的起点、端点和起点切线方向来绘制圆弧。

（3）起点、端点、半径：指定圆弧的起点、端点和半径来绘制圆弧。

（4）圆心、起点、端点：指定圆弧的圆心、起点、端点来绘制圆弧。绘制小于半圆的圆弧，半径为正；绘制大于半圆的圆弧，半径为负。

（5）圆心、起点、角度：指定圆弧的圆心、起点、角度来绘制圆弧。

（6）圆心、起点、长度：指定圆弧的圆心、起点、弦长来绘制圆弧。

（7）继续。系统将前面最后一次绘制的线段或圆弧的最后一点作为新圆弧的起点，并且新圆弧与前面线段或圆弧相切连接，再指定一个端点来绘制新圆弧。

注意：实际的绘制圆弧过程中，应根据题目提供的已知条件，然后决定采用哪一种绘制圆弧的方法。同时还要注意角度和弦长的正负，逆时针为正，顺时针为负。

4．操作示例

如图 5-8 所示，绘制一圆弧。

经过分析，本题适宜采用"起点、端点、角度"绘制圆弧。注意角度的正负值。

绘制圆弧，主要考虑采用哪种方法，绘制图 5-9 所示圆弧。在画此题圆弧时，能否给你有所启发？注意起点、端点的顺序。

图 5-8　圆弧的画法

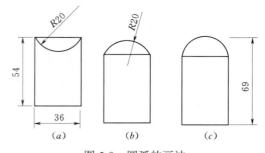

图 5-9　圆弧的画法

（a）起点端点半径；（b）起点端点半径；（c）三点圆弧

三、多边形的绘制

（一）矩形的绘制

1．功能

创建矩形多段线。使用此命令，可以指定矩形参数（长度、宽度、旋转角度）并控制角的类型（圆角、倒角或直角）。

2. 命令的调用

（1）在命令行中输入：RECTANG。

（2）在下拉菜单中单击：“绘图”→“矩形”。

（3）在“绘图”工具条单击“矩形”按钮：□。

（4）在功能区中单击：“常用”→“绘图”→“矩形”。

3. 操作指导

命令：_rectang

指定第一个角点或 [倒角(C)/标高(E)/圆角(F)/厚度(T)/宽度(W)]：　　　　　（在屏幕上或键盘上输入一角点）

指定另一个角点或 [面积(A)/尺寸(D)/旋转(R)]：　　　　　（在屏幕上指定或键盘上输入相对坐标，确定另一对角点）

参数说明：

“倒角（C)”：可绘制带倒角的矩形。输入“C”回车后，命令行有如下的命令过程：

命令：_rectang

指定第一个角点或 [倒角(C)/标高(E)/圆角(F)/厚度(T)/宽度(W)]：c↙

指定矩形的第一个倒角距离 <0.0000>：50↙　　　　　（指定第一个角点的竖直方向的距离）

指定矩形的第二个倒角距离 <50.0000>：50↙　　　　　（指定第一个角点的水平方向的距离）

指定第一个角点或 [倒角(C)/标高(E)/圆角(F)/厚度(T)/宽度(W)]：

指定另一个角点：

“标高（E)”：输入“E”回车后，命令行要求输入标高。

“圆角（F)”：可绘制带圆角的矩形。输入“F”回车后，命令行有如下的命令过程：

命令：_rectang

指定第一个角点或 [倒角(C)/标高(E)/圆角(F)/厚度(T)/宽度(W)]：f↙

指定矩形的圆角半径 <50.0000>：30↙　　　　　　　（指定圆角的半径）

指定第一个角点或 [倒角(C)/标高(E)/圆角(F)/厚度(T)/宽度(W)]：

指定另一个角点：

“厚度（T)”：输入“T”回车后，命令行中要求输入矩形的厚度。

“宽度（W)”：输入“W”回车后，命令行中要求输入矩形的线宽。

“面积（A)”：输入“A”回车后，命令行有如下的命令过程。

命令：_rectang

指定第一个角点或 [倒角(C)/标高(E)/圆角(F)/厚度(T)/宽度(W)]：

指定另一个角点或 [面积(A)/尺寸(D)/旋转(R)]：a↙

输入以当前单位计算的矩形面积 <200.0000>：2000↙　　　（输入要绘制矩形的面积）

计算矩形标注时依据 [长度(L)/宽度(W)] <长度>：✓　　　（以长度作为另一已知数据）

输入矩形长度 <10.0000>：20✓

"尺寸（D）"：输入"D"回车后，命令行有如下的命令过程。

命令：_rectang

指定第一个角点或 [倒角(C)/标高(E)/圆角(F)/厚度(T)/宽度(W)]：

指定另一个角点或 [面积(A)/尺寸(D)/旋转(R)]：d✓

　指定矩形的长度 <20.0000>：20✓　　　　　　　　（输入要绘制矩形的长度）

指定矩形的宽度 <100.0000>：20✓　　　　　　　　（输入要绘制矩形的宽度）

指定另一个角点或 [面积(A)/尺寸(D)/旋转(R)]：　　　（在指定的点上单击左键）

"旋转（R）"：输入"R"回车后，命令行有如下的命令过程。

命令：_rectang

指定第一个角点或 [倒角(C)/标高(E)/圆角(F)/厚度(T)/宽度(W)]：

指定另一个角点或 [面积(A)/尺寸(D)/旋转(R)]：r✓

指定旋转角度或 [拾取点(P)] <O>：30✓　　　　　（输入要绘制矩形与水平线的夹
角，有正、负之分）

指定另一个角点或 [面积(A)/尺寸(D)/旋转(R)]：

注意：矩形是闭合的多段线，它具有多段线的一些属性。另外在以上的参数说明中，
"标高（E）"、"厚度（T）"是在作三维绘图时用到。

绘制一个矩形有输入相对坐标、利用矩形面积、利用矩形长和宽、利用矩形与水平线
的夹角 4 种方法绘制，绘图时具体采用哪种，酌情而定。

4. 操作示例

利用矩形长（30）和宽（26），绘制圆角半径为 3，旋转角度 30 度，宽度为 0.5 的矩形，
如图 5-10 所示。

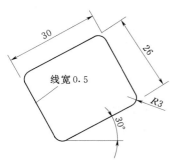

图 5-10　绘制矩形

命令：_rectang

指定第一个角点或 [倒角(C)/标高(E)/圆角(F)/厚度
(T)/宽度(W)]：f✓

指定矩形的圆角半径 <0.0000>：3✓

指定第一个角点或 [倒角(C)/标高(E)/圆角(F)/厚度
(T)/宽度(W)]：w✓

指定矩形的线宽 <0.0000>：0.5✓

指定第一个角点或 [倒角(C)/标高(E)/圆角(F)/厚度
(T)/宽度(W)]：

指定另一个角点或 [面积(A)/尺寸(D)/旋转(R)]：r✓

指定旋转角度或 [拾取点(P)] <O>：　30✓

指定另一个角点或 [面积(A)/尺寸(D)/旋转(R)]：d✓

指定矩形的长度 <20.0000>：30✓

指定矩形的宽度 <20.0000>：26✓

指定另一个角点或 [面积(A)/尺寸(D)/旋转(R)]：

（二）绘制正多边形

1. 功能

快速创建规则多边形。创建多边形是绘制等边三角形、正方形、五边形、六边形等的简单方法。

2. 命令的调用

（1）在命令行中输入：　POLYGON。

（2）在下拉菜单中单击："绘图"→"正多边形"。

（3）在"绘图"工具条单击"正多边形"按钮：⬠。

（4）在功能区中单击："常用"→"绘图"→"正多边形"。

3. 操作指导

命令：_polygon

输入边的数目 <4>:6↵

指定多边形的中心点或 [边(E)]:　　　　　（在屏幕上指定一点为多边形的中心点）

输入选项 [内接于圆(I)/外切于圆(C)] <I>:↵

指定圆的半径: 20 ↵　　　　　　　　　（在屏幕上指定内接于圆的半径）

参数说明：

"指定多边形的中心点"：输入或指定中心点的位置来确定多边形的中心点。多边形大小由外切圆或内接圆的半径确定。

"边（E）"：用多边形的一条边定位，命令行要求输入一条边的两个端点，确定多边形的边长。

"内接于圆（I）/外切于圆（C）"：输入正多边形的内接于圆"I"时，圆的半径等于中心点到多边形顶点的距离；输入正多边形外切圆"C"时，圆的半径等于中心点到多边形边的中点的距离。

注意：在应用"正多边形"命令的过程中，注意区分"内接于圆（I）"和"外切于圆（C）"的实际意义，如图5-11所示。

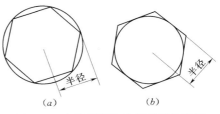

图 5-11　内接于圆和外切于圆的半径

（a）内接于圆；（b）外切于圆

第二节　二维图形的编辑命令

一、删除、放弃、重做与分解

（一）删除

1. 功能

从图形中删除对象。

2. 命令的调用

（1）在命令行中输入：ERASE。

（2）在功能区中单击："常用"→"修改"→" 删除"。

（3）下拉菜单单击："修改"→"删除"（E）。

（4）"修改"工具栏→"删除" 。

（5）快捷菜单：选择要删除的对象，在绘图区域中单击鼠标右键，然后单击"删除"。

3. 操作指导

执行 EARSE 后，在"选择对象"下，使用一种选择方法选择要删除的对象或输入选项：

输入 L（最后一个），删除绘制的最后一个对象。

输入 p（上一个），删除上一个选择集。

输入 all，从图形中删除所有对象。

输入 ？，查看所有选择方法列表。

按 Enter 键结束命令。

OOPS 命令可用来恢复被 ERASE 命令删除的对象。

（二）放弃（撤销）

1. 功能

放弃（撤销）上次命令操作。

2. 命令的调用

（1）在命令行中输入： UNDO。

（2）下拉菜单"编辑"→"放弃"（U）。

（3）"标准"工具栏→"放弃" 。

（4）按快捷键：Ctrl+Z。

注意：撤销命令可以撤销执行过的所有命令，无次数限制。可以沿着操作顺序由后往前一步步撤销，直到返回图形打开时的状态。

（三）重做（恢复）

1. 功能

重做（恢复）上次 UNDO 操作的效果。

2. 命令的调用

（1）在命令行中输入：REDO。

（2）下拉菜单"编辑"→"重做"（R）。

（3）"标准"工具栏→"重做" 。

（4）按快捷键：Ctrl+Y 。

注意：REDO 命令只能恢复最后一次执行 UNDO 命令所撤销的操作。REDO 必须紧跟随在 U 或 UNDO 命令之后。对于已撤销放弃的命令，如果还想找回来，重做可以满足。重做不是可以无限次重做，它和 AutoCAD 默认的次数有关。

（四）分解

1. 功能

将合成对象分解为其单个对象。

2. 命令的调用

（1）在命令行中输入：EXPLODE。

（2）下拉菜单"修改"→"分解"。

（3）"修改"工具栏→"分解" 。

（4）在功能区中单击："常用"→"修改"→"分解"。

3. 操作指导

对于矩形、多边形、多段线、块、尺寸标注、图案填充、多行文字等组合对象，有时需要对其里面的单个对象进行编辑，这时可使用 EXPLODE 命令将其分解为多个单独的对象。操作步骤如下：

命令：_explode

选择对象：选择待分解的对象

选择对象：↙

二、复制、移动与偏移

（一）复制

1. 功能

在指定方向上按指定距离复制对象。

2. 命令的调用

（1）在命令行中输入：COPY。

（2）在下拉菜单中单击："修改"→"复制"。

（3）在"修改"工具条上单击"复制"按钮： 。

（4）在功能区中单击："常用"→"修改"→"复制"。

3. 操作指导

命令：_copy

选择对象：找到 1 个　　　　　　　　　　　（可以同时选择多个对象）

选择对象：

当前设置：　复制模式 = 多个

指定基点或 [位移(D)/模式(O)] <位移>：指定第二个点或<使用第一个点作为位移>：（可以指定两个基点或位移作为复制对象和原对象的距离）

参数说明：

"指定基点"：复制对象时的基准点。

"位移"：复制对象时，对象所要偏移的距离。

"模式"：如果当前模式为：复制模式 = 多个，那么

指定基点或 [位移(D)/模式(O)] <位移>：0　　　　　　（转换复制模式）

输入复制模式选项 [单个(S)/多个(M)] <多个>：s　　　（转换模式为单个复制）

指定基点或 [位移(D)/模式(O)/多个(M)] <位移>：m　　（转换模式为多个复制）

注意：复制对象时，一次可以复制一个几何元素，也可以复制整个图形。

（二）移动

1. 功能

在指定方向上按指定距离移动对象。

2. 命令的调用

（1）在命令行中输入：MOVE。

（2）在下拉菜单中点击："修改"→"移动"。

（3）在"修改"工具条上单击"移动"按钮：⊕。

（4）在功能区中单击："常用"→"修改"→"移动"。

3. 操作指导

命令：_move

选择对象：找到 1 个

选择对象：

指定基点或［位移(D)］〈位移〉： 指定第二个点或〈使用第一个点作为位移〉：

（指定两个点作为位移的距离，也可以直接输入距离值）

注意：图形或几何元素经过移动后，原对象就不会存在了，它被移动到一个新的位置。它同"复制"有相同地方，但也有区别。复制与移动对象如图 5-12 所示。

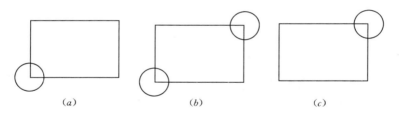

图 5-12　复制与移动对象

（a）原对象；（b）复制对象；（c）移动对象

（三）偏移

1. 功能

生成原对象的等距直线或曲线。常用于创建同心圆、平行线和平行曲线。

2. 命令的调用

（1）在命令行中输入：OFFSET。

（2）在下拉菜单中单击："修改"→"偏移"。

（3）在"修改"工具条上单击"偏移"按钮：⊡。

（4）在功能区中单击："常用"→"修改"→"偏移"。

3. 操作指导

命令：_offset

当前设置：删除源=否　图层=源　OFFSETGAPTYPE=0

指定偏移距离或［通过(T)/删除(E)/图层(L)］<通过>: 5↙　　（输入要偏移的距离）

选择要偏移的对象，或［退出(E)/放弃(U)］<退出>:　　　（指定要偏移的对象）

指定要偏移的那一侧上的点，或［退出(E)/多个(M)/放弃(U)］<退出>:　　（指定要偏移的对象偏向的一侧）

"通过（T）"：输入"T"后回车，系统有如下的命令提示：

命令: _offset

指定偏移距离或［通过(T)］<10.0000>: t↙

选择要偏移的对象或 <退出>:

指定通过点:　　　　　　　　　　（选择一个点作为偏移对象的通过点）

选择要偏移的对象或 <退出>:

"删除（E）"：输入"E"后回车，系统有如下的命令提示：

命令: _offset

当前设置: 删除源=否　图层=源　OFFSETGAPTYPE=0

指定偏移距离或［通过(T)/删除(E)/图层(L)］<通过>:　e↙

要在偏移后删除源对象吗？［是(Y)/否(N)］<否>:　y↙（偏移时是否删除源对象）

指定偏移距离或［通过(T)/删除(E)/图层(L)］<通过>:　5↙

选择要偏移的对象，或［退出(E)/放弃(U)］<退出>:

指定要偏移的那一侧上的点，或［退出(E)/多个(M)/放弃(U)］<退出>:

"图层（L）"：输入"L"后回车，系统有如下的命令提示：

命令: _offset

当前设置: 删除源=是　图层=源　OFFSETGAPTYPE=0

指定偏移距离或［通过(T)/删除(E)/图层(L)］<5.0000>: 1↙

输入偏移对象的图层选项［当前(C)/源(S)］<源>: c↙（偏移时是否改变原对象的图层特性）

指定偏移距离或［通过(T)/删除(E)/图层(L)］<5.0000>: 5↙

选择要偏移的对象，或［退出(E)/放弃(U)］<退出>:

指定要偏移的那一侧上的点，或［退出(E)/多个(M)/放弃(U)］<退出>:

选择要偏移的对象，或［退出(E)/放弃(U)］<退出>:

4. 操作示例

利用图 5-13 所示图形绘制一组间距为 5 的同心圆、平行线和任意曲线，如图 5-14 所示（步骤略）。

图 5-13　源对象

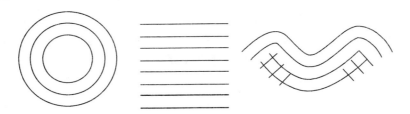

图 5-14　偏移对象

注意： 偏移曲线时曲线的弯曲程度。超过弯曲极限时，一部分曲线则不会偏移。

三、直线的修剪、延伸与拉长

（一）修剪

1. 功能

修剪选定对象超出指定边界的部分。

2. 命令的调用

（1）在命令行中输入：　TRIM。

（2）在下拉菜单中单击："修改"→"修剪"。

（3）在"修改"工具条单击"修剪"按钮：　。

（4）在功能区中单击："常用"→"修改"→"修剪"。

3. 操作指导

命令：_trim

当前设置:投影=UCS，边=无

选择剪切边...

选择对象或＜全部选择＞：　找到 1 个　　　　　　　　　（选择要剪切对象的边界）

选择对象：✓

选择要修剪的对象，或按住 Shift 键选择要延伸的对象，或

[栏选(F)/窗交(C)/投影(P)/边(E)/删除(R)/放弃(U)]：　（选择要修剪的对象）

选择要修剪的对象，或按住 Shift 键选择要延伸的对象，或

[栏选(F)/窗交(C)/投影(P)/边(E)/删除(R)/放弃(U)]：✓

参数说明：

"栏选（F）"：以栏选方式选择要修剪的对象。

"窗交（C）"：窗交方式选择要修剪的对象。

"投影（P）"：输入"P"后回车，系统有如下的命令提示：

选择要修剪的对象或 [投影(P)/边(E)/放弃(U)]：p✓

输入投影选项 [无（N）/UCS（U）/视图（V）] ＜UCS＞：　　　　（确定在哪个绘图环境中进行修剪）

"边（E）"：输入"E"后回车，系统有如下的命令提示：

选择要修剪的对象或 [投影(P)/边(E)/放弃(U)]：e✓

输入隐含边延伸模式 [延伸（E）/不延伸（N）] ＜不延伸＞：e✓

选择要修剪的对象或 [投影(P)/边(E)/放弃(U)]：

"放弃（U）"：退出操作过程。

"指定对角点"：指定窗交选择的第一个对角点。

注意：执行修剪命令时，先选择修剪边界，确认后，才选择要修剪的对象。

（二）延伸

1. 功能

延伸选定对象到指定的边界。

2. 命令的调用

（1）在命令行中输入：EXTEND。

（2）在下拉菜单中单击："修改"→"延伸"。

（3）在"修改"工具条单击"延伸"按钮 --∕。

（4）在功能区中单击："常用"→"修改"→"延伸"。

3. 操作指导

命令：_extend

当前设置: 投影=UCS，边=无

选择边界的边...

选择对象或＜全部选择＞： 指定对角点：找到 2 个 （选择要延伸到的边界对象）

选择对象： （单击右键确认或按回车）

选择要延伸的对象，或按住 Shift 键选择要修剪的对象，或

[栏选(F)/窗交(C)/投影(P)/边(E)/放弃(U)]： （选择要延伸的对象）

参数说明：参数与"修剪"命令类似。

注意：执行延伸命令时，也必须先选择边界，确认后，再选择要延伸的对象。

4. 操作示例

修剪如图 5-15 所示伸出矩形的线；延伸不到矩形的线。结果如图 5-16 所示（步骤略）。

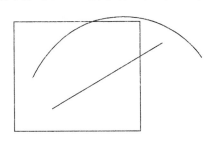

图 5-15 已知图形

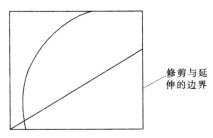

修剪与延伸的边界

图 5-16 修剪与延伸对象

（三）拉长

1. 功能

修改线段的长度和圆弧的包含角。

2. 命令的调用

（1）在命令行中输入：LENGTHEN。

（2）在下拉菜单中单击："修改"→"拉长"。

3. 操作指导

命令：lengthen

选择对象或 [增量(DE)/百分数(P)/全部(T)/动态(DY)]： （直接选择要拉长的对象）

当前长度：20.7211 （选择拉长对象的参数）

选择对象或 [增量(DE)/百分数(P)/全部(T)/动态(DY)]：

参数说明：

"增量（DE）"：定量拉长直线。

"百分数（P）"：按原直线长的百分率拉长。

"全部（T）"：拉长后的总长度或角度。

"动态（DY）"：定性不定量拉长直线，系统进入动态拉长对象。

注意：拉长命令不仅可以拉长对象而且还可以缩短对象。拉长一次只拉长单根对象。

四、图形的拉伸与缩放

（一）拉伸

1. 功能

修改图形的大小或位置。

2. 命令的调用

（1）在命令行中输入："STRETCH"。

（2）在下拉菜单中单击：修改→拉伸。

（3）在"修改"工具条单击"拉伸"按钮： 。

（4）在功能区中单击："常用"→"修改"→"拉伸"。

3. 操作指导

命令：stretch

以交叉窗口或交叉多边形选择要拉伸的对象... （选择对象的两种方式）

选择对象：指定对角点：找到 3 个

选择对象：

指定基点或 [位移(D)] <位移>： （指定拉伸的第一个基准点）

指定位移的第二点或 <使用第一个点作为位移>： （指定拉伸的第二个基准点）

参数说明：

"指定基点"：指定某一点为基准点拉伸对象。

"位移"：输入偏移值，以选中对象中心点为基点拉伸对象。

注意：在执行拉伸命令时，只能使用交叉窗口或交叉多边形的方式选择对象，包含在选择窗口内的所有点都可以移动，在选择窗口外的点保持不动。若将图形对象全部选中，则只能移动，不能拉伸。有些对象（例如圆、椭圆和块）无法拉伸。

拉伸不修改三维实体、多段线宽度、切向或者曲线拟合的信息，如图 5-17 所示。

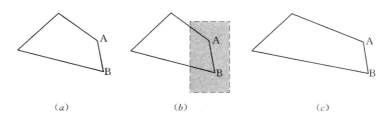

图 5-17　拉伸命令的应用

（a）四边形；（b）选择对象；（c）拉伸 A、B 点

（二）缩放

1. 功能

按指定比例放大或缩小图形对象。它只改变图形对象的大小而不改变图形的形状，即图形对象在 X、Y 方向的缩放比例是相同的。

2. 命令的调用

（1）在命令行中输入：SCALE。

（2）在下拉菜单中单击："修改"→"缩放"。

（3）在"修改"工具条上单击"缩放"按钮：⬜ 。

（4）在功能区中单击："常用"→"修改"→"缩放"。

3. 操作指导

命令：_scale

选择对象：指定对角点：找到 2 个　　　　　　　　（选择所要缩放的对象）

选择对象：

指定基点：　　　　　　　　　　　　　　　　　　（选择一点作为缩放的基点）

指定比例因子或 ［复制(C)/参照(R)］<1.0000>:　（输入缩放的比例因子或用参照方式进行缩放）

参数说明：

"指定比例因子"：指定缩放的比例。

"复制（C）"：在原对象不删除的情况下，重新复制一个对象进行缩放。

"参照（R）"：指定一段参照长度和新长度进行缩放对象。此功能意义非凡，可参考下面示例。

注意：缩放命令是改变图形的实际尺寸，而不是改变在屏幕上的显示大小。经过比例缩放过的图形，因它的实际大小发生了变化，因此在标注尺寸时应注意设置尺寸标注的样式。另外输入的比例因子均为正值，大于 1 时为放大，小于 1 时为缩小。

4. 操作示例

利用图 5-18 所示图形绘制如图 5-19 所示的平面图形：

（1）任意画一个长：宽=2∶1 的矩形，如长 40，宽 20。

（2）以矩形中心为圆心，画一个矩形外接圆。

（3）"参照"直径缩放矩形和圆，步骤如下：

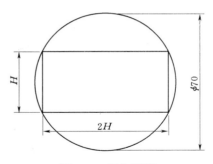

图 5-18   任意绘制矩形和圆   图 5-19   已知图形

命令：_scale   (点击缩放命令)

选择对象：指定对角点：找到 4 个   (选择矩形和圆)

选择对象：

指定基点：   (选择圆的圆心为基点)

指定比例因子或 [复制(C)/参照(R)] <1.0000>： r↙   (输入参照选项，回车)

指定参照长度 <1.0000>： 指定第二点：   (点击圆心为第一参照点，点击圆周任意
象限点为第二参照点)

指定新的长度或 [点(P)] <1.0000>： 35↙   (输入圆的直径为 35，回车)

第三节　对象特性编辑

一、特性匹配

1. 功能

将选定对象的特性应用到其他对象。可应用的特性类型包括颜色、图层、线型、线型比例、线宽、打印样式和其他指定的特性。

2. 命令的调用

（1）在命令行中输入：MATCHPROP。

（2）在下拉菜单中单击："修改" → "特性匹配"。

（3）在"标准"工具条上单击"特性匹配"按钮： 。

（4）在功能区中单击："常用" → "特性" → "特性匹配"。

3. 操作指导

命令：matchprop↙

选择源对象：   (选择一个对象作为源对象，选择完后，鼠标变成一小刷子" ")

当前活动设置： 颜色 图层 线型 线型比例 线宽 厚度 打印样式 标注 文字 填充
图案 多段线 视口 表格材质 阴影显示 多重引线   (当前源对象所具有的特性)

选择目标对象或 [设置(S)]：   (选择要修改的对象。可以连续选择)

选择目标对象或 [设置(S)]：↙   (回车结束选择)

"设置（S）"：输入"S"回车后，系统会弹出如图 5-20 所示的"特性设置"对话框。通过该对话框可以来设置要复制源对象的那些特性。

4. 操作示例

将图 5-21 所示的方框中的砖改变为圆内的混凝土。

操作过程如下：①单击"特性匹配"按钮；②点击圆内的混凝土符号；③当光标变成小刷子后，将小刷子移到方框内的砖符号上，如图 5-22 所示；④点击砖符号；⑤按 Esc 键或回车键结束。

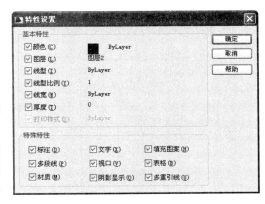

图 5-20 "特性设置"对话框

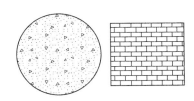

图 5-21 几何图形

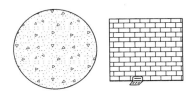

图 5-22 特性匹配操作

二、特性编辑

1. 功能

在图形中显示和修改选定对象的当前特性。

2. 命令的调用

（1）在命令行中输入： PROPERTIES。

（2）在主菜单中单击："修改" → "特性"。

（3）在"标准"工具条上单击"对象特性"按钮： 。

3. 操作指导

通过执行"PROPERTIES"的命令，系统会弹出如图 5-23 所示的"特性"对话框。

在该对话框的上面显示了一个下拉列表框，当未选择对象时，显示为"无选择"；当选择对象后，显示为该对象的名称。在该对话框的左边为标题，可以点击标题中的"×"关闭对话框，也可以单击标题中的 隐藏对话框和显示对话框，同时也可以对该对话框进行特性操作。在列表框的右上角有一个快速选择按钮 ，点击它会弹出如图 5-24 所示的"快速选择"对话框，我们可以通过该对话框来快速地选择对象。

在"特性"对话框中选择"无选择"时有"常规"、"三维效果"、"打印样式"、"视图"和"其它"五项内容；选择对象后则为"常规"、"几何图形"等特性内容，用户可以通过这些选项内容来编辑对象。可以编辑的对象有图层、线型、颜色、比例、线型比例、大小等；选择多个对象时，"特性"选项板只显示选择集中所有对象的公共特性。

图 5-23　"特性"对话框

图 5-24　"快速选择"对话框

我们在编辑对象时，首先应该选择被编辑的对象，然后在"特性"对话框中修改对象的特性。修改对象的特性时，有些可以输入一个新的数据，有些可以通过下拉列表框进行选择。在修改完对象的特性后，按 Enter 键，则对象就随修改内容作相应改变。按"×"退出操作。

注意：特性操作可以作为一种变量对图形对象进行参数化操作。

4. 操作示例

将图 5-25 所示的圆改变为直径为 50 的圆。

此题的目的不只是改变圆的直径尺寸为 50 就行了，而是要随着改变尺寸数值的同时，也要改变圆的大小，也就是让圆的大小随着尺寸数值而驱动。

操作过程如下：①点击圆周（注意不要连同尺寸一起选择）；②点击特性按钮；③改变"特性"对话框中"几何图形"下的半径为"50"；④按回车键；⑤关闭"特性"对话框。

结果如图 5-26 所示。

图 5-25　圆

图 5-26　特性编辑圆

三、快捷特性编辑

1. 功能

在快捷特性对话框中编辑对象特性。

2. 命令的调用

在状态栏上，单击"快捷特性" 。 如果要临时退出快捷特性面板，请按 Esc 键。

3. 操作指导

在状态栏上，单击"快捷特性"后，如果没有选择对象，在屏幕上不会显示"快捷特性"对话框。选定一个或多个同一类型的对象时，在屏幕上将显示"快捷特性"对话框。"快捷特性"面板将显示该对象类型的选定特性。 选择两个或多个不同类型的对象时，"快捷特性"面板将显示选择集中所有对象的共有特性（如果有）。

将 QPMODE 系统变量设置为 1 后，可以选择任意对象以显示"快捷特性"面板。如果将 QPMODE 系统变量设置为 2，则只有在"自定义用户界面"(CUI) 编辑器中定义了选定对象以显示特性时，才会显示"快捷特性"面板。可以使用 QPLOCATION 系统变量，通过光标或浮动模式显示"快捷特性"面板。也可以使用"草图设置"对话框来控制"快捷特性"面板的显示设置。

4. 操作示例

将图 5-27 所示图形中的圆的直径修改为 40。

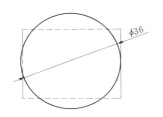

图 5-27 已知图形

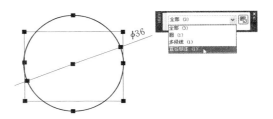

图 5-28 选择"直径标注"

操作步骤：

（1）全部选择图形，系统弹出"快捷特性"对话框。

（2）选择"快捷特性"对话框中的选项，选择"直径标注"，如图 5-28 所示。

（3）在"直径标注"选项中，将"测量单位"中的 36 修改为"文字替代"中的 40，如图 5-29 所示。

（4）按回车键，原图中的直径 36 即修改为 40。

（5）按"Esc"退出"快捷特性"对话框。

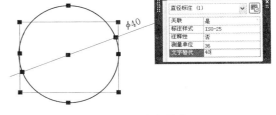

图 5-29 文字替代

注意：无论哪一种"特性"编辑，只对尺寸数值进行"文字替代"，是不能改变图形大小的，只能改变图形的尺寸数值。

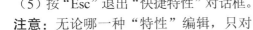

课　后　练　习

1. 绘制如图 5-30 所示的平面图形。

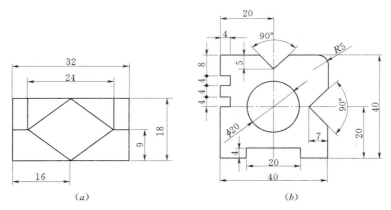

图 5-30　平面图形

2. 绘制如图 5-31 所示的平面图形。

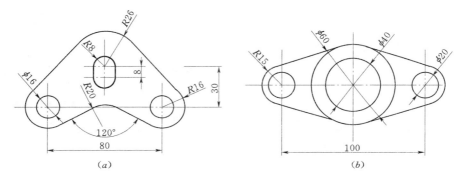

图 5-31　平面图形

3. 绘制如图 5-32 所示的平面图形。

4. 绘制如图 5-33 所示的平面图形。

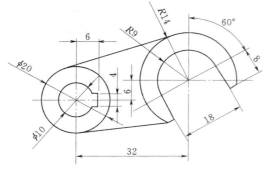

图 5-32　平面图形

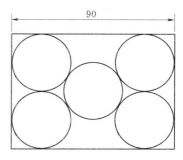

图 5-33　平面图形

第六章　二维图形的绘制与编辑（二）

第一节　二维图形的绘制命令

一、线的绘制

（一）多线

1. 功能

创建多条平行线。

2. 命令的调用

（1）在命令行中输入： MLINE。

（2）在下拉菜单中单击："绘图" → "多线" ✎ **多线(U)**。

3. 操作指导

命令：_mline↙

当前设置：对正 = 上，比例 = 20.00，样式 = STANDARD

指定起点或 [对正(J)/比例(S)/样式(ST)]：

指定下一点：

指定下一点或 [放弃(U)]：

指定下一点或 [闭合(C)/放弃(U)]：

参数说明：

"起点"、"下一点"：指定多线的起点和端点。

"对正（J）"：绘制多线时光标所在的位置，有上、无、下 3 种选择。

"比例（S）"：以在多线样式定义中建立的多线宽度为基数，进行扩大或缩小，允许输入负值和零。

"闭合（C）"：将连续绘制两条以上的多线闭合。

"样式"：输入 st 回车后，命令行提示输入多线样式的名称。我们将在后边介绍"多线样式"的设置方法。

注意：多线由 1~16 条平行线组成，这些平行线称为元素。绘制多线时，可以使用包含两个元素的 STANDARD 样式，也可以指定一个以前创建的样式。开始绘制之前，可以修改多线的对正和比例。多线对正确定将在光标的哪一侧绘制多行，或者是否位于光标的中心上。多线比例用来控制多行的全局宽度（使用当前单位），多线比例不影响线型比例。如果要修改多线比例，可能需要对线型比例做相应的修改，以防点划线的尺寸不正确。

（二）螺旋线

1. 功能

创建二维螺旋线或三维弹簧。

2. 命令的调用

（1）在命令行中输入：HELIX。

（2）在下拉菜单中单击："绘图（D）"→"螺旋（I）"。

（3）在功能区中单击"常用"→"绘图"→"螺旋"。

（4）在工具栏中单击："建模"→"螺旋"按钮 ⬚。

3. 操作指导

执行 HELIX 命令后，命令行会有以下提示：

命令：_Helix

圈数 = 3.0000　　　扭曲=CCW

指定底面的中心点：　　　　　　　　　　（指定螺旋中心点）

指定底面半径或［直径（D）］＜1.0000＞：10↙　　　（指定底面半径、输入 d 指定直径或按 Enter 键指定默认的底面半径值）

指定顶面半径或［直径（D）］＜10.0000＞：10↙　　　（指定顶面半径、输入 d 指定直径或按 Enter 键指定默认的顶面半径值）

指定螺旋高度或［轴端点（A）/圈数（T）/圈高（H）/扭曲（W）］＜1.0000＞：3↙　　（指定螺旋高度或输入选项）

参数说明：

直径（底面）：指定螺旋底面的直径。

直径（顶面）：指定螺旋顶面的直径。

轴端点：指定螺旋轴的端点位置。轴端点可以位于三维空间的任意位置。轴端点定义了螺旋的长度和方向。

圈数：指定螺旋的圈（旋转）数。螺旋的圈数不能超过 500。最初，圈数的默认值为 3。绘制图形时，圈数的默认值始终是先前输入的圈数值。

圈高：指定螺旋内一个完整圈的高度。当指定圈高值时，螺旋中的圈数将相应的自动更新。如果已指定螺旋的圈数，则不能输入圈高的值。如果指定的高度值为 0，则将创建扁平的二维螺旋。

扭曲：指定以顺时针（CW）方向还是逆时针方向（CCW）绘制螺旋。螺旋扭曲的默认值是逆时针。

输入螺旋的扭曲方向［顺时针（CW）/逆时针（CCW）］＜逆时针＞：（指定螺旋的扭曲方向）

注意：绘制螺旋线时，最初默认底面半径设置为 1。绘制图形时，底面半径的默认值始终是先前输入的任意实体图元或螺旋的底面半径值。顶面半径的默认值始终是底面半径的值。如果底面和顶面半径不一致，则绘制锥形螺旋。底面半径和顶面半径不能都设置为 0。

4. 操作示例

绘制如图 6-1 所示的两条螺旋线。过程如下：

命令：_Helix

圈数 = 3.0000　　　扭曲=CCW

指定底面的中心点：

指定底面半径或 [直径(D)] <10.0000>: 5✓

指定顶面半径或 [直径(D)] <5.0000>: ✓

指定螺旋高度或 [轴端点(A)/圈数(T)/圈高(H)/扭曲(W)]

<3.0000>: 15✓

命令：

命令：_Helix

圈数 = 3.0000　　　扭曲=CCW

指定底面的中心点：

指定底面半径或 [直径(D)] <5.0000>: ✓

指定顶面半径或 [直径(D)] <5.0000>: 3✓

指定螺旋高度或 [轴端点(A)/圈数(T)/圈高(H)/扭曲(W)] <15.0000>: 15✓

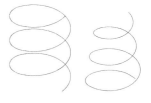

图 6-1　螺旋线

注意： 在二维草图下绘制的螺旋线，二维视图是看不出其形状的，需使用三维视图。将螺旋用作 SWEEP 命令的扫掠路径可以创建弹簧、螺纹和环形楼梯。

（三）修订云线

1. 功能

修订云线是由连续圆弧组成的多段线。用于在检查阶段提醒用户注意图形的某个部分。在检查或用红线圈阅图形时，可以使用修订云线功能亮显标记以提高工作效率。

2. 命令的调用

（1）在命令行中输入：REVCLOUD。

（2）在下拉菜单中单击："绘图"→"修订云线"　修订云线(V)。

（3）在"绘图"工具条上单击"修订云线"按钮　。

（4）在功能区中单击："常用"→"绘图"→"修订云线"。

3. 操作指导

命令：_revcloud

最小弧长：15　　最大弧长：15　　样式：普通

指定起点或 [弧长(A)/对象(O)/样式(S)] <对象>:

沿云线路径引导十字光标...

反转方向 [是(Y)/否(N)] <否>: ✓

修订云线完成。

参数说明：

"弧长（A）"：指定云线中弧线的长度，其中有最小弧长和最大弧长之分。

"对象（O）"：将一个对象转换为云线。其中要转换的对象的长度应该大于或等于指定的弧长，否则就无法转换。

"样式（S）"：确定云线的样式，通过选择圆弧样式 [普通（N）/手绘（C）] 来实现。

4. 操作示例

比较如图 6-2 所示的普通和手绘修订云线的区别。

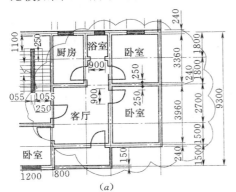
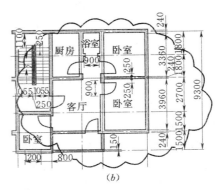

图 6-2 修订云线

(*a*) 普通云线；(*b*) 手绘云线

注意：利用修订云线命令绘制的对象为多段线。

（四）徒手画线

1. 功能

创建一系列徒手画线段。

2. 命令的调用

在命令行中输入：SKETCH。

3. 操作指导

命令：SKETCH

记录增量 <1.0000>:

徒手画. 画笔(P) /退出(X) /结束(Q) /记录(R) /删除(E) /连接(C)。

参数说明：

记录增量：定义直线段的长度。定点设备移动的距离必须大于记录增量，才能生成线段。

画笔：提笔和落笔。在用定点设备选取菜单项前必须提笔。

退出：记录及报告临时徒手画线段数并结束命令。

结束：放弃从开始调用 SKETCH 命令或上一次使用"记录"选项时所有徒手画的临时线段，并结束命令。

记录：永久记录临时线段且不改变画笔的位置。

删除：删除临时线段的所有部分，如果画笔已落下则提起画笔。

连接：落笔，继续从上次所画的线段的端点或上次删除的线段的端点开始画线。

4. 操作示例

徒手绘制图 6-3 所示的木材纹理。

（五）样条线

1. 功能

创建通过或接近选定点的平滑曲线。

2. 命令的调用

（1）在命令行中输入：SPLINE。

（2）在下拉菜单中单击："绘图"→"样条曲线"。

（3）在"绘图"工具条上单击"样条曲线"

按钮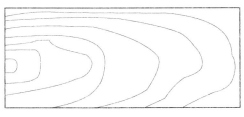

图 6-3 徒手画线

按钮 ~ 。

（4）在功能区中单击："常用"→"绘图"→"样条曲线"。

3. 操作指导

命令：spline✓

指定第一个点或 [对象(O)]：　　　　　　　　　　（在屏幕上选择一点）

指定下一点：　　　　　　　　　　　　　　　　　（在屏幕上选择第二点）

指定下一点或 [闭合(C)/拟合公差(F)] <起点切向>：　　（在屏幕上选择第三点）

指定下一点或 [闭合(C)/拟合公差(F)] <起点切向>：✓

指定起点切向：✓　　　　　　　　　　　　　　　（指定起点的切线方向）

指定端点切向：✓　　　　　　　　　　　　　　　（指定端点的切线方向）

参数说明：

"对象（O）"：一条绘制好的多段线经过"编辑多段线"命令中的"样条曲线"命令编辑后，执行"对象（O）"将其转化为样条曲线。

"闭合（C）"：将所绘制的曲线闭合。

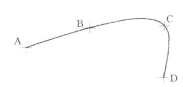

图 6-4 样条曲线

"拟合公差（F）"：拟合公差的大小代表曲线离控制点的距离。拟合公差为 0 时，曲线通过控制点。绘制曲线时，可以修改拟合公差而使绘制的曲线更光滑。

注意：绘制样条曲线时，至少需要已知的三个点。

4. 操作示例

通过点 A、B、C、D 绘制一条曲线，如图 6-4 所示。

命令：_spline

指定第一个点或 [对象(O)]：　　　　　　　　　　（选择 A 点）

指定下一点：　　　　　　　　　　　　　　　　　（选择 B 点）

指定下一点或 [闭合(C)/拟合公差(F)] <起点切向>：　　（选择 C 点）

指定下一点或 [闭合(C)/拟合公差(F)] <起点切向>：　　（选择 D 点）

指定下一点或 [闭合(C)/拟合公差(F)] <起点切向>：✓

指定起点切向：✓　　　　　　　　　　　　　　　（指定 A 点的切线方向）

指定端点切向：↙   （指定 D 点的切线方向）

二、圆环与椭圆

（一）圆环

1. 功能

绘制填充环或实体填充圆，即带有宽度的闭合多段线。

2. 命令的调用

（1）在命令行中输入：DONUT。

（2）在下拉菜单中单击："绘图"→"圆环"。

（3）在功能区中单击："常用"→"绘图"→"圆环" ◎ 。

3. 操作指导

命令：donut↙

指定圆环的内径 <10.0000>：30↙   （输入圆环内圆的直径）

指定圆环的外径 <20.0000>：50↙   （输入圆环外圆的直径）

指定圆环的中心点 <退出>：   （选择一点作为圆环的中心点）

4. 操作示例

绘制如图 6-5 所示的徽标。

（1）"圆环"命令绘制轮椅圆环。

命令：_donut

指定圆环的内径 <0.5000>：12↙

指定圆环的外径 <1.0000>：15↙

指定圆环的中心点或 <退出>：

图 6-5 圆环的运用

修改圆环，保留图示多半即可。

（2）"多段线"命令绘制人体。

命令：_pline

指定起点：

当前线宽为 2.0000

指定下一个点或 [圆弧(A)/半宽(H)/长度(L)/放弃(U)/宽度(W)]：w↙

指定起点宽度 <2.0000>：1.5↙

指定端点宽度 <1.5000>：1.5↙

指定下一个点或 [圆弧(A)/半宽(H)/长度(L)/放弃(U)/宽度(W)]：

指定下一个点或 [圆弧(A)/闭合(C)/半宽(H)/长度(L)/放弃(U)/宽度(W)]：

（3）"圆环"命令实心绘制人头。

命令：_donut

指定圆环的内径 <12.0000>：0↙

指定圆环的外径 <15.0000>：3↙

指定圆环的中心点或 <退出>：

（二）椭圆

1．功能

创建椭圆或椭圆弧。

2．命令的调用

（1）在命令行中输入：ELLIPSE。

（2）在下拉菜单中单击："绘图"→"椭圆"。

（3）在绘图工具栏单击"椭圆"  。

（4）在功能区中单击："常用"→"绘图"→"椭圆"。

3．操作指导

命令：_ellipse

指定椭圆的轴端点或 ［圆弧(A)/中心点(C)］：

指定轴的另一个端点： ＜正交 开＞

指定另一条半轴长度或 ［旋转(R)］：

参数说明：

轴端点：通过指定第一条轴的两个端点以及第二条轴的半长来绘制椭圆。第一条轴既可定义椭圆的长轴也可定义短轴。

圆弧（A）：创建一段椭圆弧。先画一个完整的椭圆，然后指定椭圆的起始角及终止角确定椭圆弧。

中心点（C）：通过指定椭圆的中心点、长轴及短轴的端点来创建椭圆。

旋转（R）：通过绕第一条轴旋转圆来创建椭圆。即将圆绕直径转动一定角度后，再投影到平面上形成椭圆。

等轴测圆：在当前等轴测绘图平面绘制一个等轴测圆。

注意："等轴测圆"选项仅在 SNAP 的"样式"选项设置为"等轴测"时才可用。

4．操作示例

绘制椭圆有两种方法，如图 6-6 所示。第一种是用中心定位，输入长短轴半轴长绘制；第二种是用两条轴的端点定位，先确定一条轴的总长度，再输入另一轴的半轴长。

【例 6-1】　利用椭圆命令绘制两个椭圆，如图 6-7 所示。

图 6-6　椭圆的画法

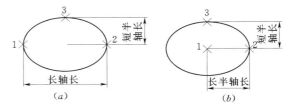

图 6-7　椭圆的画法

(a)轴端点定位；(b)中心点定位

【例 6-2】　利用椭圆命令绘制椭圆弧，如图 6-8 所示，注意绘制椭圆弧时的起始点不同结果也不一样。

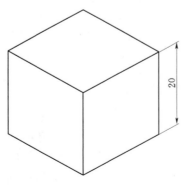

图 6-8　椭圆弧的画法

利用"椭圆弧"命令绘制椭圆弧结果一样。

这里就不再讲解"椭圆弧" 命令了。

【例 6-3】　利用椭圆命令在六面体（图 6-9）上绘制等轴测圆（图 6-10）。

绘制"等轴测圆"需在草图设置中对"捕捉类型"进行选择，选为"等轴测捕捉"时才可进行。前面已讲解"草图设置"的方法，这里不再重复。

具体步骤如下：

（1）在六面体上分别画中线，目的是为后面画等轴测圆时找圆心。

（2）画左侧面等轴测圆：

命令：　〈等轴测平面　左视〉　　　　　　（按 F5 转换等轴测平面为左视）

命令：　_ellipse

指定椭圆轴的端点或 [圆弧(A) / 中心点(C) / 等轴测圆(I)]：i↙

指定等轴测圆的圆心：

指定等轴测圆的半径或 [直径(D)]：10↙

（3）画水平面等轴测圆：

命令：　〈等轴测平面　俯视〉　　　　　　（按 F5 转换等轴测平面为俯视）

命令：　_ellipse

指定椭圆轴的端点或 [圆弧(A) / 中心点(C) / 等轴测圆(I)]：i↙

指定等轴测圆的圆心：

指定等轴测圆的半径或 [直径(D)]：10↙

（4）画右侧面等轴测圆：

命令：　〈等轴测平面　右视〉　　　　　　（按 F5 转换等轴测平面为右视）

命令：　_ellipse

指定椭圆轴的端点或 [圆弧(A) / 中心点(C) / 等轴测圆(I)]：i↙

指定等轴测圆的圆心：

指定等轴测圆的半径或 [直径(D)]：10↙

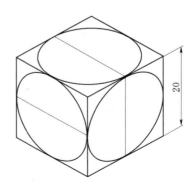

图 6-9　立面体　　　　　　　　　　　　　图 6-10　等轴测圆

三、点的绘制

（一）点样式的设置

1. 功能

指定点对象的显示样式及大小。

2. 命令的调用

（1）在命令行中输入：DDPTYPE。

（2）在下拉菜单中单击："格式"→"点样式"

3. 操作指导

通过执行 DDPTYPE 命令后，系统会弹出如图 6-11 所示的"点样式"对话框。

参数说明：

"点大小"：输入百分比表示。有两种尺寸可选择：一种是"相对于屏幕设置大小"；另一种是"按绝对单位设置大小"。

另外在该对话框中列出了 20 种点的样式图例。用户可以根据实际情况进行选择。

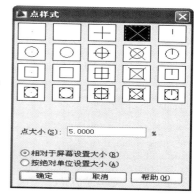

图 6-11 "点样式"对话框

（二）单点、多点

1. 功能

指定位置绘制单个或多个点。

2. 命令的调用

（1）在命令行中输入：POINT（绘制单点）。

（2）在下拉菜单中单击："绘图"→"点"→"单点"。

（3）在下拉菜单中单击："绘图"→"点→"多点"。

（4）"绘图"工具条上单击"点"按钮： （绘制多点）。

（三）定数等分点

1. 功能

定数在图形对象中等分或插入点。

2. 命令的调用

（1）在命令行中输入：DIVIDE。

（2）在下拉菜单中单击："绘图"→"点"→"定数等分"。

3. 操作指导

命令：_divide

选择要定数等分的对象： （选择要等分的对象）

输入线段数目或 [块 (B)]： （将选择的对象平均分成相同的几段）

参数说明：

"输入线段数目"：输入要将对象分成相同几段的段数。

"块（B）"：在选定的对象上等间距的放置"块"（"块"的含义在以后章节中介绍）。

注意： 定数等分不仅能等分直线，还可以等分圆、多段线、曲线和一些在选择对象时能够一次选定的对象。

4. 操作示例

定数等分圆弧，如图 6-12、图 6-13 所示。

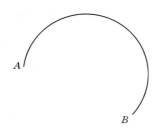

图 6-12　已知圆弧　　　　　　　　　　图 6-13　定数等分圆弧

（四）定距等分点

1. 功能

定距在图形对象中等分或插入点。

2. 命令的调用

（1）在命令行中输入：MEASURE。

（2）在下拉菜单中单击："绘图" → "点" → "定距等分"。

3. 操作指导

命令：_measure

选择要定距等分的对象：　　　　　　（选择要等分的对象）

指定线段长度或 [块(B)]：　　　　（将选择的对象按输入的长度进行等分）

参数说明：

"指定线段长度"：输入一个长度数值回车后，点对象就会沿选择的对象按指定的长度依次放置。

"块（B）"：在选定的对象上按指定的长度放置"块"（"块"的含义在以后章节中介绍）。

注意： 点对象或其他块对象在所选对象上放置时，从离单击对象最近的端点处开始放置。最后对象上被分割的一段长度有可能等于或小于输入的长度数值。起点不标点样式。

4. 操作示例

定距等分圆弧，如图 6-14、图 6-15 所示。

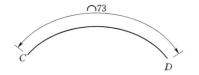

图 6-14　已知圆弧　　　　　　　　　　图 6-15　定距等分圆弧

第二节 二维图形的编辑命令

一、镜像、阵列与旋转

（一）镜像

1. 功能

绕指定轴或指定两点翻转对象创建对称的镜像图像。

2. 命令的调用

（1）在命令行中输入：**MIRROR**。

（2）在下拉菜单中单击："修改"→"镜像"。

（3）在"修改"工具条上单击"镜像"按钮： 。

（4）在功能区中单击："常用"→"修改"→"镜像"。

3. 操作指导

命令：mirror

选择对象：指定对角点：找到 6 个 　　　　　（选择要镜像的对象）

选择对象： 　　　　　（单击鼠标右键确认）

指定镜像线的第一点：指定镜像线的第二点： 　　　　　（指定对称轴线上的两个点）

是否删除源对象？[是(Y)/否(N)] <N>：✓

注意：默认情况下，镜像文字、属性和属性定义时，它们在镜像图像中不会反转或倒置。文字的对齐和对正方式在镜像对象前后相同。如果确实要反转文字，请将 MIRRTEXT 系统变量设置为 1，否则设置为 0。

4. 操作示例

将图 6-16 所示图形进行镜像。

（1）Mirrtext 变量设置为 0，文字可读。

命令：_mirror

选择对象：指定对角点：找到 4 个

选择对象：

指定镜像线的第一点：指定镜像线的第二点： <正交 开>

要删除源对象吗？[是(Y)/否(N)] <N>：✓

结果如图 6-17 所示。

（2）Mirrtext 变量设置为 1，文字不可读。

命令：mirrtext

输入 MIRRTEXT 的新值 <0>：1

命令：_mirror

选择对象：指定对角点：找到 4 个

选择对象：

指定镜像线的第一点：指定镜像线的第二点：

要删除源对象吗？［是(Y)／否(N)］＜N＞：

结果如图 6-18 所示。

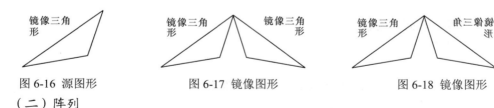

图 6-16 源图形　　　　　图 6-17 镜像图形　　　　　图 6-18 镜像图形

（二）阵列

1. 功能

创建按指定方式排列的多个对象副本，常用到的是矩形阵列和环形阵列。

2. 命令的调用

（1）在命令行中输入：ARRAY。

（2）在下拉菜单中单击："修改"→"阵列"。

（3）在"修改"工具条上单击"阵列"按钮： 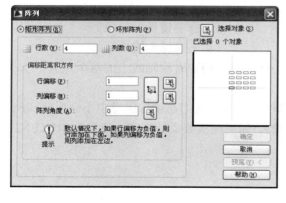。

（4）在功能区中单击："常用"→"修改"→"阵列"。

3. 操作指导

输入 array 命令回车后，系统弹出如图 6-19 所示的"阵列"对话框。

参数说明：

（1）矩形阵列（图 6-19）。

"行数"、"列数"：输入矩形阵列中行数和列数。

"行偏移"、"列偏移"：确定矩形阵列中的行间距和列间距。注意正值和负值，当输入的行间距为正值时，向对象的上方阵列；输入的行间距为负值时，向对象的下方阵列。而输入的列间距为正值时，向对象的右边阵列；输入的列间距为负值时，向对象的左边阵列。

图 6-19 "矩形阵列"对话框

"阵列角度"：确定矩形阵列的角度，正值逆时针旋转，负值顺时针旋转。

"选择对象"按钮 ：用于选择要阵列的对象。单击该按钮后，系统又回到绘图界面，进行对象选择。

创建矩形阵列的步骤：

1）在命令行输入 array，回车。

2）在"阵列"对话框中选择"矩形阵列"。

3）单击"选择对象"，"阵列"对话框将关闭，程序将提示选择对象。选择要添加到阵列中的对象并按 Enter 键。

4）在"行数"和"列数"框中，输入阵列中的行数和列数。

5）在"行偏移"和"列偏移"框中，输入行间距和列间距。

6）要修改阵列的旋转角度，请在"阵列角度"中输入新角度。默认角度 0 的方向设置可以在 UNITS 命令中更改。

7）单击"确定"创建阵列。

（2）环形阵列（图 6-20）。

"中心点"：输入或选择环形阵列的中心点。

"方法"：有三种方法可以选择：项目总数和填充角度、项目总数和项目间角度、填充角度和项目间角度。

"项目总数"、"填充角度"、"项目间角度"：环形阵列的三个参数，根据选择的方法不同，系统只要求确定其中的两个即可，项目总数只能输入，而填充角度和项目间角度可以输入，也可以在屏幕上指定。

"复制时旋转项目"：控制阵列时对象是否旋转。

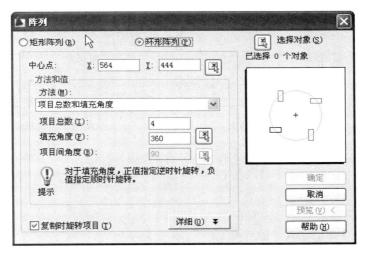

图 6-20　"环形阵列"对话框

创建环形阵列的步骤：

1）在命令行中输入 array，回车。

2）在"阵列"对话框中选择"环形阵列"。

3）单击"中心点"的拾取按钮，"阵列"对话框将关闭，程序将提示选择对象。使用定点设备指定环形阵列的圆心。

4）单击"选择对象"，"阵列"对话框将关闭，程序将提示选择对象并按 Enter 键。

5）输入项目数目（包括原对象），输入填充角度和项目间角度。

6）单击"确定"创建阵列。

4. 操作示例

将图 6-21 所示的椅子排列成矩形阵列（图 6-22）和环形阵列（图 6-23）。

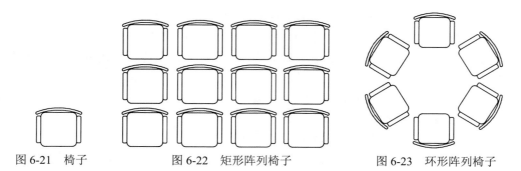

图 6-21　椅子　　　　　图 6-22　矩形阵列椅子　　　　图 6-23　环形阵列椅子

"矩形阵列"对话框见图 6-24，"环形阵列"对话框见图 6-25。

图 6-24　"矩形阵列"对话框　　　　　　　图 6-25　"环形阵列"对话框

（三）旋转

1. 功能

围绕基点旋转对象。

2. 命令的调用

（1）在命令行中输入：ROTATE。

（2）在下拉菜单中单击："修改"→"旋转"。

（3）在"修改"工具条上单击"旋转"按钮：⟳。

（4）在功能区中单击："常用"→"修改"→"旋转"。

3. 操作指导

命令：_rotate

UCS 当前的正角方向：　ANGDIR=逆时针　ANGBASE=0

选择对象：找到 1 个

选择对象：

指定基点：

指定旋转角度，或 [复制(C)/参照(R)] <0>:　　　　　　（输入正值逆时针旋转，输入负值顺时针旋转）

参数说明：

"复制（C）"：输入"C"回车后，可以将原对象复制一份并旋转到指定的角度，而原对象还在原来的位置。

"参照（R）"：输入"R"回车后，命令行要求输入一个参照角度值和一个新角度值。而对象最终旋转的角度是新角度减去参照角度。

注意：在应用"旋转"命令时要注意 ANGDIR 的取值，当 ANGDIR 的值是 0 时，输入正角按逆时针旋转；当 ANGDIR 的值是 1 时，输入正角按顺时针旋转。

4. 操作示例

将图 6-26 所示图形旋转 45°，结果如图 6-27 所示。

命令：_rotate

UCS 当前的正角方向：　ANGDIR=逆时针　ANGBASE=0

选择对象：指定对角点：找到 57 个

选择对象：

指定基点：

指定旋转角度，或［复制(C)/参照(R)］<45>：　45↙

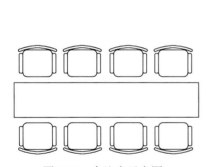

图 6-26　会议室示意图

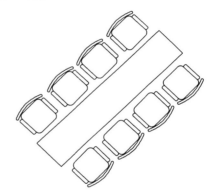

图 6-27　旋转会议室

二、打断与合并

（一）打断

1. 功能

在两点之间打断选定对象。

2. 命令的调用

（1）在命令行中输入：BREAK。

（2）在下拉菜单中单击："修改"→"打断"。

（3）在"修改"工具条单击"打断"按钮：　。

（4）在功能区中单击："常用"→"修改"→"打断"。

3. 操作指导

命令：_break 选择对象：

指定第二个打断点 或［第一点(F)］：

参数说明：

"选择对象"：执行打断时，选择对象的同时也就选择了第一打断点。

"指定第二打断点"：选择第二打断点。

"第一点（F）"：如果要自定义第一打断点，选用"F"。

注意：打断命令可以部分的删除对象或将对象分成两个部分。另外第一打断点与第二打断点是按逆时针方向确定的，选择的位置不同，打断后的线段也不同（图6-28）。

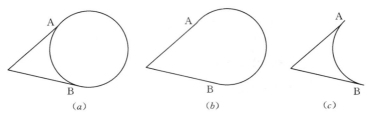

图 6-28　打断命令的应用

（a）A 和 B 为打断点；（b）A 为第一打断点；（c）B 为第二打断点

另外，CAD 还提供一个叫"打断于点"的命令 ⌐。它实质是执行"打断"命令的 F 选项。"打断于点"命令是将对象在"指定第一点"处，将对象分成两部分。

（二）合并

1. 功能

将相似的对象合并形成一个完整的对象。

2. 命令的调用

（1）在命令行中输入：JOIN。

（2）在下拉菜单中单击："修改"→"合并"。

（3）在"修改"工具条单击"合并"按钮 ⊶ 。

（4）在功能区中单击："常用"→"修改"→"合并"。

3. 操作指导

命令：_join 选择源对象：（选择一条直线、多段线、圆弧、椭圆弧、样条曲线或螺旋）

选择要合并到源的直线：　找到 1 个

选择要合并到源的直线：

已将 1 条直线合并到源

参数说明：

"选择源对象"：可以作为源对象的有直线、多段线、圆弧、椭圆弧、样条曲线或螺旋。根据所选择的源对象不同，系统有不同的命令提示。

（1）当选择的源对象为直线时，系统可以将多条共线的直线对象合并为一条直线，而这些直线对象之间可以有空隙。

（2）当选择的源对象为多段线时，系统可以将多条直线、圆弧和多段线合并为一个对象，而这些直线对象之间不能有空隙，并且开始选择的对象一定要是多段线。

（3）当选择的源对象为圆弧时，系统可以将多条圆弧合并为一个圆弧对象，而这些圆弧对象必须在同一个圆上，并且圆弧之间可以有空隙。

（4）当选择的源对象为椭圆弧时，系统可以将多条椭圆弧合并为一个椭圆弧对象，而这些椭圆弧对象必须在同一个椭圆上，并且圆弧之间可以有空隙。

（5）当选择的源对象为样条曲线时，系统可以将多条样条曲线合并为一个样条曲线对象，而这些样条曲线对象必须在同一个平面上，并且是闭合的。如果是样条曲线和螺旋对象相接（端点对端点），结果对象是单个样条曲线。

（6）当选择的源对象为螺旋时，系统可以将多条螺旋合并。螺旋对象必须相接（端点对端点）。结果对象是单个样条曲线。

注意："合并"命令可以将一组单个的相似对象合并到一起，以便于我们进行编辑，但在应用时要注意根据选择的源对象不同，它的适用条件也不同。

4. 操作指导

将图 6-29 所示的多段线 A、直线 B 和圆弧 C 用"合并"成一个对象。

命令：_join 选择源对象： 　　　　　　　　　　（选择多段线 A）
选择要合并到源的对象： 找到 1 个 　　　　　　（选择直线 B）
选择要合并到源的对象： 找到 1 个，总计 2 个 　（选择圆弧 C）
选择要合并到源的对象： 　　　　　　　　　　　（单击鼠标右键确认）
2 条线段已添加到多段线

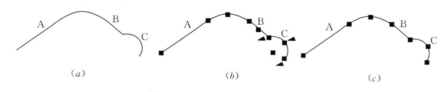

图 6-29　合并命令的应用

（*a*）多段线 A、直线 B 和圆弧 C；（*b*）A、B、C 为多个对象；（*c*）合并为一个对象

三、倒角与圆角

（一）倒角

1. 功能

给对象加倒方角。

2. 命令的调用

（1）在命令行中输入：CHAMFER。

（2）在下拉菜单中单击："修改"→"倒角"。

（3）在"修改"工具条上单击"倒角"按钮：　　。

（4）在功能区中单击："常用"→"修改"→"倒角"。

3. 操作指导

命令：_chamfer

（"修剪"模式）当前倒角距离 1 = 0.0000，距离 2 = 0.0000

选择第一条直线或 [放弃(U) / 多段线(P) / 距离(D) / 角度(A) / 修剪(T) / 方式(E) / 多个(M)]：

选择第二条直线，或按住 Shift 键选择要应用角点的直线：

参数说明：

"放弃（U）"：放弃上一次操作命令。

"多段线（P）"：输入"P"回车后，系统要求选择形成倒角的二维多段线。

"距离（D）"：输入"D"回车后，系统要求指定两个倒角距离。第一个是第一条直线上的尺寸；第二个是第二条直线上的尺寸。

"角度（A）"：输入"A"回车后，系统要求指定第一条直线倒角距离和第一条直线的倒角角度（倒角角度指的是倒角斜线与水平线的夹角）。

"修剪（T）"：输入"T"回车后，系统要求设置修剪的模式，有两种情况：一种是"修剪"；一种是"不修剪"。它的含义是指形成倒角的两个对象的多余部分或不足部分是否进行修剪或延伸。

"方式（E）"：输入"E"回车后，系统提示选择倒角的方式（按距离或角度）。

"多个（M）"：输入"M"回车后，系统在不退出"倒角"命令的情况下，重复选择多个形成倒角的对象。

注意：输入倒角的两个距离时，可以相等，也可以不相等。

4．操作示例

将图 6-30 所示正六边形进行倒角。距离 1＝5，距离 2＝5。

命令：＿chamfer

（"修剪"模式）当前倒角距离　1=0.0000，距离 2=0.0000

选择第一条直线或 [放弃(U)/多段线(P)/距离(D)/角度(A)/修剪(T)/方式(E)/多个(M)]：　d↙

指定第一个倒角距离 <0.0000>：5↙

指定第二个倒角距离 <5.0000>：5↙

选择第一条直线或 [放弃(U)/多段线(P)/距离(D)/角度(A)/修剪(T)/方式(E)/多个(M)]：　p↙

选择二维多段线：

6 条直线已被倒角

结果如图 6-31 所示。

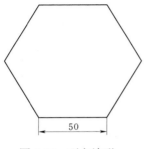

图 6-30　正六边形

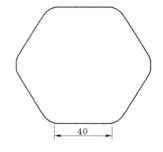

图 6-31　倒角正六边形

（二）圆角

1．功能

给对象加倒圆角。

2. 命令的调用

（1）在命令行中输入：FILLET。

（2）在下拉菜单中单击："修改" → "圆角"。

（3）在"修改"工具条上单击"圆角"按钮： 。

（4）在功能区中单击："常用" → "修改" → "圆角"。

3. 操作指导

命令：_fillet

当前设置：模式 = 修剪，半径 = 0.0000

选择第一个对象或 [放弃(U)/多段线(P)/半径(R)/修剪(T)/多个(M)]：

选择第二个对象，或按住 Shift 键选择要应用角点的对象：

参数说明：

"放弃（U）"、"多段线（P）"、"修剪（T）"、"多个（M）"与倒角命令中的功能相同。

"半径（R）"：输入"R"回车后，系统要求指定圆角的半径。

注意： 无论形成圆角的两个对象是否相交，都可进行圆角连接。它有时可以代替前面讲的"相切、相切、半径"画圆的方法画圆弧。

4. 操作示例

将图 6-32 所示的两圆分别用半径为 30、15 的圆弧连接起来。

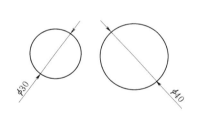 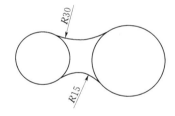

图 6-32　已知两圆　　　　　　　　图 6-33　倒圆两圆

命令：_fillet

当前设置：模式 = 修剪，半径 = 5.0000

选择第一个对象或 [放弃(U)/多段线(P)/半径(R)/修剪(T)/多个(M)]：r↙

指定圆角半径 <5.0000>：30↙

选择第一个对象或 [放弃(U)/多段线(P)/半径(R)/修剪(T)/多个(M)]：

选择第二个对象，或按住 Shift 键选择要应用角点的对象：

命令：

命令：

命令：_fillet

当前设置：模式 = 修剪，半径 = 30.0000

选择第一个对象或 [放弃(U)/多段线(P)/半径(R)/修剪(T)/多个(M)]：r↙

指定圆角半径 <30.0000>：15↙

选择第一个对象或 [放弃(U)/多段线(P)/半径(R)/修剪(T)/多个(M)]：

选择第二个对象，或按住 Shift 键选择要应用角点的对象：

结果如图 6-33 所示。

四、多线与样条曲线的编辑

（一）多线的样式

1. 功能

命名新的多线样式并创建新的多线样式。

2. 命令的调用

（1）在命令行中输入：mlstyle。

（2）在下拉菜单中单击："格式"→"多线样式"。

3. 操作指导

命令：mlstyle↙

系统弹出"多线样式"对话框，如图 6-34 所示。在该对话框中，首先单击"新建"按钮来设置新建的样式名，如图 6-35 所示。然后单击"继续"来设置所建样式的特性，如图 6-36 所示，在该对话框中各项的含义如下：

图 6-34   "多线样式"对话框

图 6-35   "创建新的多线样式"对话框

图 6-36   设置新的多线样式

"说明"：对新建的多线样式添加一个说明。

"封口"：有 4 个复选框分别是直线、外弧、内弧和角度，通过选择不同的选项来改变所绘多线起点和端点的形状。

"图元"：在这个区域中，可以增加多线的数量；也可设置多线之间的距离；改变多线中每条线的颜色；还可加载不同的线型。

"填充"：设置绘制多线的背景填充色。

"显示连接"：控制相邻的两条多线顶点处接头的显示。

4. 操作示例

用多线命令绘制一段间距为 240mm 的墙线（比例 1∶100）。

（1）在图 6-34 所示"多线样式"对话框中，点击"新建"按钮。

（2）在图 6-35 所示"创建新的多线样式"对话框的"新样式名"中输入"墙线"，然后单击"继续"按钮。

（3）在图 6-36 所示"新建多线样式"对话框中单击"添加"按钮，再增加一条多线。分别选中三条多线，依次在"偏移"栏中输入三次数值：第一次是 1.2，第二次是 0，第三次是－1.2。然后将中间的那条多线的线型修改为点划线。

（4）将"墙线"样式"置为当前"。

（5）用"绘图"→"多线"命令，绘制一组墙线，如图 6-37 所示。

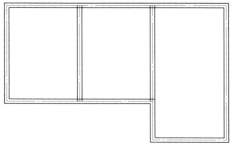

图 6-37　多线绘制墙线

命令：_mline

当前设置：对正=上，比例=20.00，样式=墙线

指定起点或 [对正(J)/比例(S)/样式(ST)]：　S

输入多线比例 <20.00>：　1

当前设置：对正 = 上，比例 = 1.00，样式 = 墙线

指定起点或 [对正(J)/比例(S)/样式(ST)]：　J

输入对正类型 [上(T)/无(Z)/下(B)] <上>：　Z

当前设置：对正 = 无，比例 = 1.00，样式 = 墙线

指定起点或 [对正(J)/比例(S)/样式(ST)]：

指定下一点：

…

（二）多线编辑

1. 功能

编辑多线交点、打断点和顶点。

2. 命令的调用

（1）在命令行中输入：MLEDIT。

（2）在下拉菜单中单击："修改"→"对象"→"多线"。

3. 操作指导

命令：mledit↙

选择第一条多线：

选择第二条多线：

选择第一条多线 或 [放弃(U)]：

参数说明：

输入 MLEDIT 然后回车后，系统会弹出如图 6-38 所示的"多线编辑工具"对话框，用户可在该对话框中选择一种工具来编辑多线交接的方式。该对话框将以四列显示样例图像。第一列显示控制交叉的多线，第二列显示控制 T 形相交的多线，第三列显示控制角点结合和顶点，第四列显示控制多线中的打断。

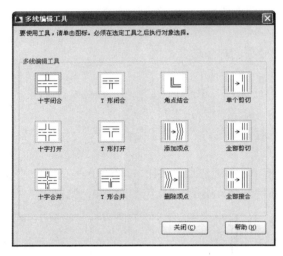

图 6-38 "多线编辑工具"对话框

十字闭合：在两条多线之间创建闭合的十字交点。

十字打开：在两条多线之间创建打开的十字交点。打断将插入第一条多线的所有元素和第二条多线的外部元素。

十字合并：在两条多线之间创建合并的十字交点。此时选择多线的次序并不重要。

T 形闭合：在两条多线之间创建闭合的 T 形交点。将第一条多线修剪或延伸到与第二条多线的交点处。此时需注意多线的选择顺序。

T 形打开：在两条多线之间创建打开的 T 形交点。将第一条多线修剪或延伸到与第二条多线的交点处。此时需注意多线的选择顺序。

T 形合并：在两条多线之间创建合并的 T 形交点。将多线修剪或延伸到与另一条多线的交点处。此时需注意多线的选择顺序。

角点结合：在多线之间创建角点结合，将多线修剪或延伸到它们的交点处。

添加顶点：向多线上添加一个顶点。

删除顶点：从多线上删除一个顶点。

单个剪切：在选定多线元素中创建可见打断。

全部剪切：创建穿过整条多线的可见打断。

全部接合：将已被剪切的多线线段重新接合起来。

4. 操作示例

将图 6-37 所示墙线交点进行编辑。

步骤略，见图 6-39。图中 1、2、3 点利用"T 形合并"编辑，4 点无法进行多线编辑。一般情况下，遇到此种情况，将多线"分解"，然后"修剪"。

（三）样条曲线编辑

1. 功能

编辑样条曲线或样条曲线拟合多段线。

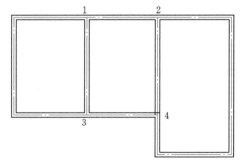

图 6-39 多线编辑墙线

2. 命令的调用

（1）在命令行中输入：SPLINEDIT。

（2）在下拉菜单中单击："修改"→"对象"→"样条曲线"。

（3）在"修改Ⅱ"工具条上单击"编辑样条曲线"按钮：   。

（4）在功能区中单击："常用"→"修改"→"编辑样条曲线"。

3. 操作指导

命令：splinedit↙

选择样条曲线：   （选择要编辑的样条曲线）

输入选项［拟合数据(F)/闭合(C)/移动顶点(M)/精度(R)/反转(E)/放弃(U)］：（输入要修改的参数，然后回车）

参数说明：

（1）"拟合数据(F)"：输入 F 回车后，系统有以下的命令提示：

命令：_splinedit↙

选择样条曲线：

输入选项［拟合数据（F）/闭合（C）/移动顶点（M）/精度（R）/反转（E）/放弃（U）］：f↙

输入拟合数据选项

［添加（A）/闭合（C）/删除（D）/移动（M）/清理（P）/相切（T）/公差（L）/退出（X）］<退出>：

"添加（A）"：在样条曲线中增加控制点。

"闭合（C）"：使样条曲线闭合。

"删除（D）"：在样条曲线中删除控制点。

"移动（M）"：将控制点进行移动。

"清理（P）"：把给样条曲线添加的拟合数据清理掉。

"相切（T）"：改变样条曲线起点和端点的切向。

"公差（L）"：编辑样条曲线的公差。

"退出（X）"：退出对拟合数据的操作。

（2）"闭合（C）"：使样条曲线的起点和端点光滑地连接在一起。当样条曲线闭合时，此选项为"打开"。

（3）"移动顶点（M）"：移动在样条曲线上的控制点。

（4）"精度（R）"：通过增加控制点、提高阶数和调节权值来调整样条曲线的圆滑度。

（5）"反转（E）"：用来反转样条曲线。

（6）"放弃（U）"：退出对样条曲线的编辑。

第三节 对象的高级编辑

一、"编辑"菜单

单击"编辑"菜单，出现如图 6-40 所示的下拉菜单。当用户要从另一个应用程序的图形文件中使用对象时，可以先将这些对象剪切或复制到剪贴板，然后将它们从剪贴板粘贴到其他的应用程序中。

1. 复制

（1）复制：可以使用剪贴板将图形的部分或全部复制到其他应用程序创建的文档中。对象以矢量格式复制，这样在其他应用程序中将保持高分辨率。这些对象以 WMF（Windows 图元文件）格式存储在剪贴板中。然后可以将剪贴板中存储的信息嵌入其他文档。复制后的对象在原位置还存在。

（2）剪切：剪切将从图形中删除选定对象并将它们存储到剪贴板上。它也是一种复制，只不过是将剪切后的对象放置在"剪贴板"上，同时原对象消失。

（3）带基点复制：以上两种复制在粘贴时，都以选择对象时的左下点为插入点，不能有目的的以对象某一点为插入点。带基点复制则是选定图形对象的某一点为插入点，在粘贴时以该点为插入点定点插入。

图 6-40　"编辑"菜单

2. 粘贴

（1）粘贴：将"复制"、"剪切"、"带基点复制"的内容粘贴在相应位置。

（2）粘贴为块：将"复制"、"剪切"、"带基点复制"的内容在粘贴的同时，将粘贴对象转变为图块。

二、夹点编辑

夹点是控制对象形状的特殊点。在用 AutoCAD 进行绘图时，所绘制的每一个对象都有一系列的控制点。要将对象进行编辑，可以修改对象的控制点来达到编辑对象的目的。夹点编辑可以将对象执行拉伸、移动、旋转、缩放或镜像操作。

（一）"夹点编辑"命令的操作

1. 启动命令的方法

首先选择要编辑的对象，使它出现一系列的控制点，这些控制点默认为蓝色，我们叫它为"冷点"。然后把鼠标放在要编辑的控制点上单击左键，选择该控制点，此时选择的控制点变为红色，我们叫它为"热点"。在"热点"状态下系统就进入了对该点的编辑状态（如果在选择控制点时按 Shift 键，则可以同时选择多个控制点，若在要编辑的控制点上单击左键，系统就进入了对这些点的编辑状态）。

2. 执行命令的过程

当我们选择控制点后，系统有如下的命令提示：

命令：

** 拉伸 **

指定拉伸点或 [基点（B）/复制（C）/放弃（U）/退出（X）]：　（按"空格"进行切换）

** 移动 **

指定移动点或 [基点（B）/复制（C）/放弃（U）/退出（X）]：　（按"空格"进行切换）

** 旋转 **

指定旋转角度或 [基点（B）/复制（C）/放弃（U）/参照（R）/退出（X）]：　（按"空格"进行切换）

** 比例缩放 **

指定比例因子或［基点（B）/复制（C）/放弃（U）/参照（R）/退出（X）］：　　（按"空格"进行切换）

** 镜像 **

指定第二点或［基点（B）/复制（C）/放弃（U）/退出（X）］：（按"空格"进行切换）

参数说明：

（1）"指定拉伸点或［基点（B）/复制（C）/放弃（U）/退出（X）]"。

"指定拉伸点"：将控制点拉伸到一个新的位置。可以通过将选定夹点移动到新位置来拉伸对象。修改文字、块参照、直线中点、圆心和点对象上的夹点将移动对象而不是拉伸它。

"基点（B）"：指定一点作为拉伸的基点。

"复制（C）"：拉伸时，将原对象复制一份进行拉伸，即原对象保持不变。

"放弃（U）"：放弃已做的拉伸操作。

"退出（X）"：退出夹点编辑命令。

（2）"指定移动点或［基点（B）/复制（C）/放弃（U）/退出（X）]"。

"指定移动点"：将控制点移动到一个新的位置。可以通过选定的夹点移动对象。选定的对象被亮显并按指定的下一点位置移动一定的方向和距离。

［基点（B）/复制（C）/放弃（U）/退出（X）]的说明同（1）的相同选项。

（3）"指定旋转角度或［基点（B）/复制（C）/放弃（U）/参照（R）/退出（X）]"。

"指定旋转角度"：输入旋转的角度，以控制点为圆心进行旋转。

［基点（B）/复制（C）/放弃（U）/退出（X）]的说明同（1）的相同选项。

（4）"指定比例因子或［基点（B）/复制（C）/放弃（U）/参照（R）/退出（X）]"。

"指定比例因子"：输入放大或缩小的比例因子。

［基点（B）/复制（C）/放弃（U）/退出（X）]的说明同（1）的相同选项。

（5）"指定第二点或［基点（B）/复制（C）/放弃（U）/退出（X）]"。

"指定第二点"：指定镜像线上的第二点（第一点是控制点）。

［基点（B）/复制（C）/放弃（U）/退出（X）]的说明同（1）的相同选项。

注意："夹点编辑"命令完成后，我们可以连续按 Esc 键退出操作。另外我们在切换夹点编辑命令时，也可以用快捷菜单来完成。比如在选择完某一个控制点后，然后把鼠标放在该控制点上，单击鼠标右键，系统会弹出如图 6-41 所示的快捷菜单，用户可以通过此快捷菜单进行命令选择。

3. 操作指导

（1）使用"夹点编辑"命令创建多个旋转副本的步骤。

1）选择要旋转的对象。

2）在对象上通过单击选择夹点。亮显选定夹点，并激活默认夹点模式为"拉伸"。

3）按 Enter 键或"空格"键遍历夹点模式，直到显示夹点模式为"旋转"。另外，可以单击鼠标右键来显示模式和选项的快捷菜单。

4）输入 c（复制）。

图 6-41　"夹点编辑"快捷菜单

5）旋转捕捉对象，或输入选定夹点和指定的副本位置之间的角度。按下 Ctrl 键并通过指定其他位置来放置其他副本，这些副本以与上一个副本相同的旋转捕捉角度创建。

6）按 Enter 键、空格键或 Esc 键关闭夹点。

（2）使用"夹点编辑"命令为对象创建镜像并保留原对象的步骤。

1）选择要镜像的对象。

2）在对象上通过单击，亮显选定夹点，并激活默认夹点模式为"拉伸"。通过按 Enter 键或"空格"键，遍历夹点模式直到出现"镜像"夹点模式。另外，可以单击鼠标右键来显示模式和选项的快捷菜单。

3）按下 Ctrl 键（或输入 c 代表"复制"）保留原始图像，然后指定镜像线的第二点。为对象创建镜像时，打开"正交"模式常常是很有用的。

4）按 Enter 键、空格键或 Esc 键关闭夹点。

（3）使用"夹点编辑"命令缩放对象并保留原对象的步骤。

1）选择要缩放的对象。

2）在对象上通过单击选择夹点。亮显选定夹点，并激活默认夹点模式为"拉伸"。

3）按 Enter 键或"空格"键遍历夹点模式，直到显示夹点模式为"比例缩放"。 另外，可以单击鼠标右键来显示模式和选项的快捷菜单。

4）输入 c（复制）。

5）缩放捕捉对象，或输入缩放比例因子。

6）按 Enter 键、空格键或 Esc 键关闭夹点。

4. 操作示例

用"夹点编辑"命令绘制图 6-42 所示图形。

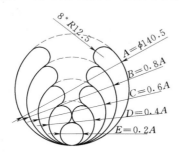

图 6-42　平面图形

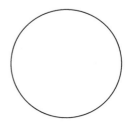

图 6-43　直径 140.5 的圆

（1）绘制直径 140.5 的圆，如图 6-43 所示。

（2）用"夹点编辑"命令绘制其他圆，如图 6-44 所示。

命令：　　　　　　　　　　　　　　　　　　　　　　（点击圆周）

命令：　　　　　　　　　　　　　（点击圆下面的"冷点"使之成为"热点"）

** 拉伸 **

指定拉伸点或 [基点（B）/复制（C）/放弃（U）/退出（X）]：（按空格键切换到缩放方式）

** 比例缩放 **

指定比例因子或 [基点（B）/复制（C）/放弃（U）/参照（R）/退出（X）]：b✓

指定基点： （选择圆下面的"热点"为基点）

** 比例缩放 **

指定比例因子或 ［基点（B）/复制(C)/放弃(U)/参照(R)/退出(X)］: c↙

** 比例缩放（多重）**

指定比例因子或 ［基点（B）/复制（C）/放弃（U）/参照（R）/退出（X）］: 0.8↙

** 比例缩放（多重）**

指定比例因子或 ［基点（B）/复制（C）/放弃（U）/参照（R）/退出（X）］: 0.6↙

** 比例缩放（多重）**

指定比例因子或 ［基点（B）/复制（C）/放弃（U）/参照（R）/退出（X）］: 0.4↙

** 比例缩放（多重）**

指定比例因子或 ［基点（B）/复制（C）/放弃（U）/参照（R）/退出（X）］: 0.2↙

** 比例缩放（多重）**

指定比例因子或 ［基点（B）/复制（C）/放弃（U）/参照（R）/退出（X）］: ↙

命令： （按 Esc 键退出）

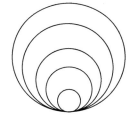

图 6-44 比例圆

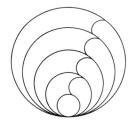

图 6-45 相切圆

（3）用"相切、相切、半径"方法画半径 12.5 的四个小圆，并用"修剪"命令修剪，如图 6-45 所示。

（4）用"镜像"命令镜像另一边四个小圆，如图 6-46 所示。

（5）"修剪"多余部分，如图 6-47 所示。

（6）用"对象捕捉"捕捉圆心，绘点划圆。

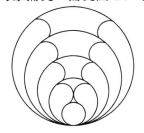

图 6-46 镜像圆

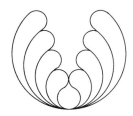

图 6-47 修剪圆

（二）"夹点编辑"命令的相关设置

1. 命令的调用

（1）在命令行中输入：OPTIONS。

（2）在下拉菜单中单击："工具"→"选项"→"选择"。

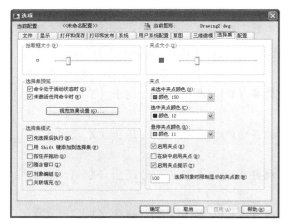

图 6-48　"选项"对话框

2. 操作指导

通过执行 OPTIONS 命令后，系统会弹出如图 6-48 所示的"选项"对话框中的"选择集"选项卡。

参数说明：

在该对话框中，我们只介绍"夹点"和"夹点大小"两个区域。

"启用夹点"：选中该复选框后，表示系统在选择对象后出现夹点。

"在块中启用夹点"：选中该复选框后，表示系统在选择块后出现夹点。

"未选中夹点的颜色"：确定未被选中的夹点的颜色，可通过下拉列表进行选择。

"选中夹点的颜色"：确定选中的夹点的颜色，可通过下拉列表进行选择。

"夹点大小"：可通过滑块来调节夹点的大小。

注意：在作图过程中，应根据需要是否启动夹点，因为启动夹点后系统处理图形的速度会明显减慢。

三、对象的选择方式

（一）选择模式的设置

1. 命令的调用

（1）在命令行中输入：OPTIONS。

（2）在下拉菜单中单击："工具"→"选项"→"选择"。

2. 操作指导

执行 OPTIONS 命令后，系统弹出如图 6-48 所示的"选项"对话框。

在该对话框中，我们只介绍"选择集模式"和"拾取框大小"两个区域。

（1）"选择集模式"。

"先选择后执行"：选择该复选框后，表示先选择几何元素然后再执行编辑命令。

"用 Shift 键添加到选择集"：选择该复选框后，表示在选择第一个几何元素后，按住 Shift 键可以增加选择其他几何元素。

"按住并拖动"：选择该复选框后，表示在选择图形时应按住鼠标左键进行拖动选择。

"隐含窗口"：选择该复选框后，表示在选择图形时隐含窗口。

"对象编组"：表示在选择对象时是否进行对象编组。

"关联填充"：选择该复选框后，表示在选择带填充的图形时，边界也被选择。

（2）"拾取框大小"：用户可以通过滑块的移动来调节拾取框的大小。

注意：进行选择模式的设置时，应根据具体情况和绘图习惯来进行设置。而不要盲目地进行选择。

（二）选择的方法

选择模式设置好后，就可以进行对象选择了，主要的选择方法如下：

（1）单选：该方式一次只能选择一个几何元素（S）。

（2）全选：一次全部的选择所绘的图形（ALL）。

（3）窗选：把要选择的图形拾取到一个矩形框中，从左向右选择，凡是全被框住的对象才会被选择（W）。

（4）窗交：把要选择的图形拾取到一个矩形框中，从右向左选择，凡是全被框住或部分被框住的对象就会被选择（C）。

（5）选择最后：选择最后一次绘制的几何对象（L）。

（6）选择最前：选择开始绘制的第一个对象（P）。

（7）取消选择：取消选择的对象（U）。

（8）删除对象：把选入构造集中的对象删除掉，进入删除模式（R）。

（9）加入对象：在删除模式下，加入对象，进入构造集选择模式（A）。

以上方法的用法是在命令行中有"选择对象"的提示时，输入该方法的第一个字母，比如 S、ALL 等，也可以先选择对象，然后再执行某个命令。

课　后　练　习

1. 用"圆环"和"多段线"命令绘制图 6-49 所示的徽标，尺寸自定。

2. 用"多线"、"圆弧"、"分解"和"修剪"命令绘制图 6-50 所示的立交桥，尺寸自定。

图 6-49　徽标

图 6-50　立交桥

3. 用"椭圆"命令绘制图 6-51 所示图形。

4. 用"镜像"命令绘制图 6-52 所示图形。

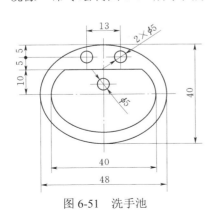

图 6-51　洗手池

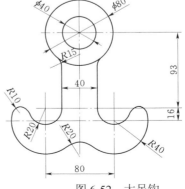

图 6-52　大吊钩

5. 用"偏移"、"阵列"命令绘制图 6-53 所示图形。

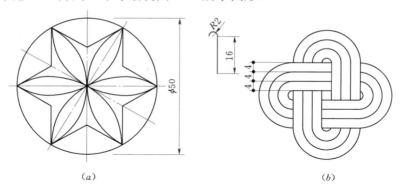

（a）   （b）

图 6-53   阵列图形

6. 用"夹点编辑"命令和"旋转"命令绘制图 6-54 所示图形。

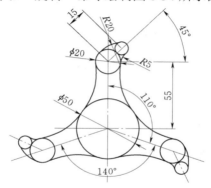

图 6-54   "旋转"图形

7. 综合运用绘图与编辑命令绘制图 6-55 所示图形。

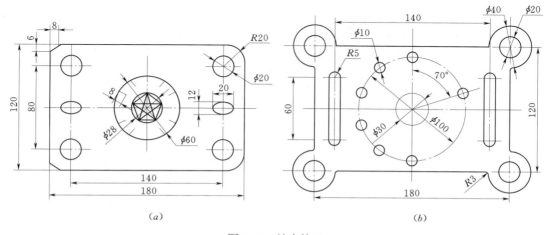

（a）   （b）

图 6-55   综合练习

第七章 图案填充与图样绘制

在工程制图中，我们知道，对工程形体的表达有视图、剖视图、剖面图等方法。本章不对这些表达方法的原理进行解释，只介绍用计算机绘图的方法如何绘制这些图形，重点讲解剖视图和剖面图的绘制。本章需要计算机绘图中的图案填充与编辑的知识。

第一节 图案填充与编辑

一、图案填充

（一）利用"图案填充和渐变色"对话框进行填充

1. 功能

对图形填充相应图案（图例）和双色渐变色。

2. 命令的调用

（1）在命令行中输入：BHATCH 或 GRADIENT。

（2）在下拉菜单中单击："绘图"→"图案填充或渐变色"。

（3）在"绘图"工具条上单击"图案填充" 或"渐变色" 按钮。

（4）在功能面板单击："常用"→"绘图"→"图案填充"或"渐变色"。

3. 操作指导

执行 BHATCH 后回车，系统会弹出如图 7-1 所示的"图案填充和渐变色"对话框。

在该对话框中有两个选项卡：一个是图案填充；一个是渐变色。下面将常用的选项含义介绍如下：

图 7-1 "图案填充和渐变色"对话框

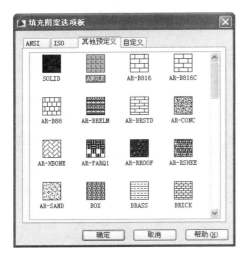

图 7-2 "填充图案选项板"对话框

（1）"图案填充"选项卡。

"类型"：图案的类型有三种：预定义、用户定义和自定义。

"图案"：填充图案的名称，单击其后按钮会弹出如图 7-2 所示的"填充图案选项板"对话框，用户可通过此对话框来选择所要填充的图案。

"样例"：显示要填充图案的样子。

"自定义图案"：用户自己定义的图案名称。

"角度"：输入或选择填充图案的倾斜角度。

"比例"：输入或选择填充图案的比例。

"双向"：当"图案填充"选项卡上的"类型"设置为"用户定义"时，此选项可用，它是将用户定义的图案绘制成 90°交叉线。

"相对图纸空间"：此选项在布局中可用，它是相对于图纸的空间单位缩放填充图案。

"间距"：当"图案填充"选项卡上的"类型"设置为"用户定义"时，此选项可用，它是设定用户定义图案中的直线间距。

"ISO 笔宽"：当"图案填充"选项卡上的"类型"设置为"预定义"，并将"图案"设置为可用的 ISO 图案的一种时，此选项可用，它是以选定的笔宽进行缩放 ISO 预定义图案。

"使用当前原点"：将填充图案的开始点设置为默认。

"指定的原点"：用户可通过"单击以设置新原点"、"默认为边界范围"、"存储为默认原点"和"原点预览"选项来指定新的填充图案的开始点。

"添加：拾取点"：通过单击该按钮，系统回到选择区，在要填充的区域选择一点。

"添加：选择对象"：通过单击该按钮，系统要求选择要填充的对象。

"删除边界"：当选择"添加：拾取点"和"添加：选择对象"后，此按钮可用。单击该按钮后，系统回到选择区，可以添加或删除边界。有如下命令过程：

拾取内部点或[选择对象(S)/删除边界(B)]：

选择对象或[添加边界(A)]：

选择对象或[添加边界(A)/放弃(U)]：

"重新创建边界"：当进行填充图案编辑时，此选项可用。单击该按钮后，系统回到选择区，可以重新创建边界。有如下命令过程：

命令：_hatchedit

输入边界对象的类型[面域(R)/多段线(P)]<多段线>：

要重新关联图案填充与新边界吗？[是(Y)/否(N)] <N>：

"查看选择集"：当选择"添加：拾取点"和"添加：选择对象"后，此按钮可用。

"关联"：通过选择可以确定填充后的对象是否是一个整体。

"创建独立的图案填充"：在同时填充几个独立的闭合对象时，可创建独立的图案填充对象。

"绘图次序"：选择绘图的次序。

"继承特性"：选择该按钮后，用户可以使要填充的对象具有某一个已填充对象的特性。

"孤岛显示样式"：在它的下面有三个选项——"普通"、"外部"、"忽略"。用户可以选择一种来作为处理选择区域内的孤岛。

"对象类型"：在前面"保留边界"被选中后，该选项才亮显，可以选择新边界的类型。一种是面域；一种是多段线对象。

"边界集"：当用"拾取点"的方式选择对象时，系统对要填充的对象边界进行检测。

"允许的间隙"：通过设置公差，来定义对象的图案填充边界的间隙值。默认值为0，此值指定对象必须是封闭区域而没有间隙。

"继承选项"：在使用"继承特性"填充图案时，选择图案填充原点的位置可以有两种选择：一种是使用当前原点；一种是使用源图案填充的原点。

（2）"渐变色"选项卡。

在"渐变色"选项卡中，我们主要介绍颜色和方向两个选项区，如图7-3所示，而其他选区与前面介绍的"图案填充"选项卡一样，这里就不重复介绍了。

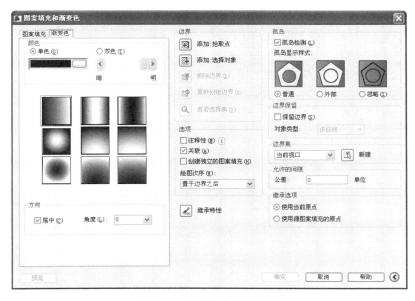

图7-3　"渐变色"选项卡

"单色"：指的是用单色填充，它指定选择的某一个颜色逐渐从深到浅的颜色过渡在选择"单色"后，它的下面将显示"颜色样本"和"滑块"。

"颜色样本"：左键双击或左键单击右侧按钮后，出现"选择颜色"对话框（图7-4），用户可通过该对话框来选择所需要的单色。

"着色—渐浅"滑块：用来调节单色与白色的比例。

"双色"：指的是用双色填充，用户可以选择两种颜色，并指定在两种颜色之间进行

图 7-4　"选择颜色"选项卡

渐变填充。在选择"双色"后，其后显示的两个"颜色样本"分别为颜色 1 和颜色 2。

"渐变图案"：在该选区列出了 9 个图案样例，用户可根据实际情况进行选择。

"方向"：确定在用渐变色填充时的位置和方向。有两个参数可以调节，一个是"居中"；一个是"角度"。

注意：单击 ，可以收起与打开"孤岛"面板。

4. 操作示例

（1）用"关联"与"不关联"填充图案，如图 7-5 所示。"关联"时，填充随边界变化；"不关联"时，填充不随边界变化而变化。

（2）分别用"孤岛检测"中的"普通"和"忽略"填充，如图 7-6 所示。

（3）分别用调整"角度"与"比例"填充，如图 7-7 所示。

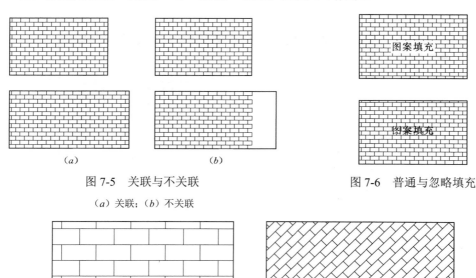

（a）　　　　　　　（b）

图 7-5　关联与不关联

（a）关联；（b）不关联

图 7-6　普通与忽略填充

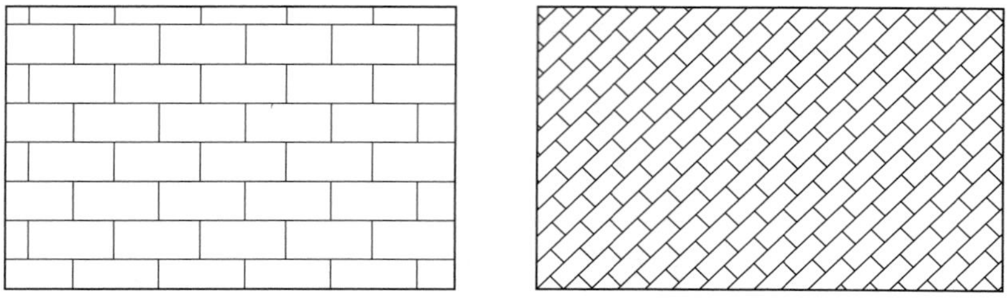

图 7-7　调整角度与比例填充

（二）利用"工具选项板窗口"进行填充

1. 功能

利用工具选项板上的图案，直接拖动相应图案到要填充的图形进行填充。

2. 命令的调用

（1）在命令行中用键盘输入：TOOLPALETTES。

（2）在下拉菜单中单击："工具"→"选项板"→"工具选项板"。

（3）在"标准"工具条上单击"工具选项板窗口"按钮： 。

3. 操作指导

执行 TOOLPALETTES 后，在屏幕上弹出"工具选项板"工具条，在该工具条上我们选择"图案填充"选项卡，如图 7-8 所示。

参数说明：在"图案填充"选项卡上列出了两种填充样例：一种是"英制图案填充"；一种是"ISO 图案填充"。另外，还列出了渐变色填充样例。用户可根据需要来进行选择或新建标签，还可将用户常用的一些填充样式或图块放入其中。

4. 操作示例

在矩形中填充 "砂砾"。

（1）在"英制图案填充"区的"砂砾"图案上单击鼠标右键，弹出快捷菜单。在该快捷菜单上选择"特性"，弹出"工具特性"对话框（图 7-9），在该对话框中，调整比例、角度等选项，然后单击"确定"按钮。

（2）在"砂砾"图案上单击鼠标左键，然后将图案拖动到矩形中。结果如图 7-10 所示。

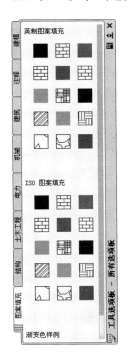

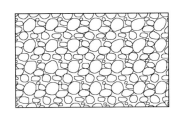

图 7-8 "图案填充"选项卡　　图 7-9 "工具特性"选项卡　　图 7-10 填充砂砾

二、图案填充编辑

利用图案填充编辑命令 HATCHEDIT 填充图案具体介绍如下。

1. 功能

对填充完成后的图形，进行图案的类型、比例和角度等项目的修改。

2. 命令的调用

（1）在命令行中输入： HATCHEDIT。

（2）在下拉菜单中单击："修改"→"对象"→"图案填充"。

（3）在"修改Ⅱ"工具条上单击"编辑图案填充"按钮： 。

3. 操作指导

命令：_hatchedit↙

选择图案填充对象：

选择要编辑的图案后，系统会弹出如图 7-11 所示的"图案填充编辑"对话框，用户可在该对话框中选择要修改的参数。

图 7-11 "图案填充编辑"对话框

在该对话框中包括了两个选项卡——"图案填充"和"渐变色"。这两个选项卡上项目的含义与前面介绍的"图案填充和渐变色"对话框完全相同，这里不再赘述。

4. 操作示例

将图 7-12 中的填充图案比例改为 0.05，角度改为 90°。

命令：_hatchedit

选择图案填充对象：

选择图案后，在图 7-11 所示的"图案填充编辑"对话框中，将角度改为 90°，比例改为 0.05，单击"确定"按钮。

结果如图 7-13 所示。

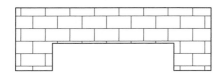

图 7-12 图案填充

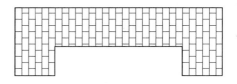

图 7-13 编辑图案

第二节　图　样　绘　制

一、绘制三视图

三视图的投影规律为：正视图与俯视图长对正，正视图与左视图高平齐，俯视图与左视图宽相等。可以概括为："长对正、高平齐、宽相等"。运用前面我们所讲的二维图形的绘制与修改命令，即可绘制三视图。

1. 画三视图的步骤

（1）根据立体图选择正视图的投影方向。

（2）根据投影规律和立体图尺寸，画出正视图。

（3）根据三等规律画另两视图（CAD 可以利用构造线、正交、对象捕捉和对象追踪等状态控制达到这一要求）。

（4）检查修改。

2. 立体表面的交线

截交线：截切面截断立体后，与立体表面的交线称为截交线。可以用积聚性法、辅助线法和纬圆法等来求截交线。

相贯线：两立体相交后，表面产生的交线称为相贯线。可以用积聚性法、辅助线法和纬圆法来求相贯线。

3. 绘图举例

【例 7-1】　根据立体图 7-14，画组合体的三视图。

作题步骤如下：

（1）设置"图层"和"绘图单位"（步骤略）。

（2）在粗实线层作正视图。

1）用"矩形"命令绘制一个长 40，宽 24 的矩形。

2）用"分解"命令将矩形分解。

3）用"偏移"命令分别向内偏移左右两条竖线，偏移距离均为 10。

4）用"偏移"命令向上偏移下部水平线两次，每次偏移距离为 8。

5）用"直线"命令连接两条斜坡线。

6）用"修剪"命令将多余线修剪掉，如图 7-15 所示。

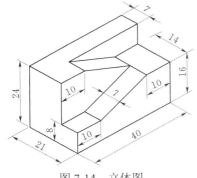

图 7-14　立体图

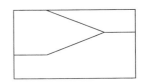

图 7-15　正视图

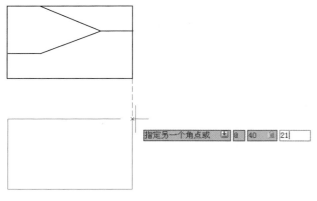

图 7-16   对象追踪作矩形

（3）在粗实线层作俯视图。

1）打开对象捕捉，打开对象追踪。

2）使用对象追踪，用"矩形"命令绘制一个长 40，宽 21 的矩形，如图 7-16 所示。

3）用"分解"命令将矩形分解。

4）用"偏移"命令分别向内偏移左右两条竖线，偏移距离均为 10。

5）用"偏移"命令分别向内偏移上下两条水平线，偏移距离均为 7。

6）用"修剪"命令将多余线修剪掉。

（4）在粗实线层作左视图。

1）打开对象捕捉，打开对象追踪。

2）使用对象追踪，用"矩形"命令绘制一个长 21，宽 24 的矩形，如图 7-17 所示。

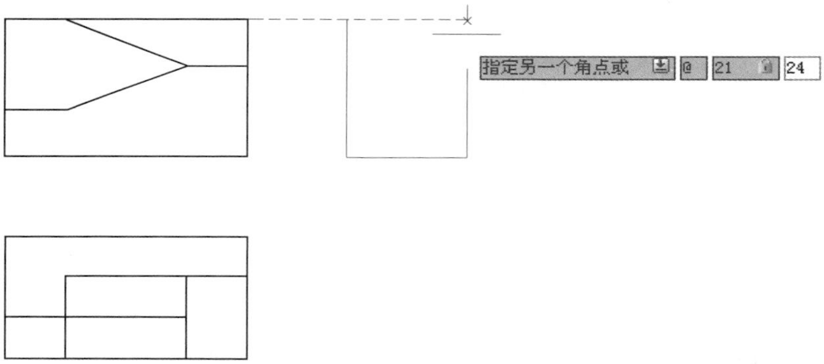

图 7-17   对象追踪作矩形

3）用"分解"命令将矩形分解。

4）用"偏移"命令分别向内偏移左右两条竖线，偏移距离均为 7。

5）用"偏移"命令分别向内偏移上下两条水平线，偏移距离均为 8。

6）用"修剪"命令将多余线修剪掉。

7）由于斜坡在左视图中被挡，所以，在虚线层，将斜坡线改为虚线。

结果如图 7-18 所示。

（5）给三视图标注尺寸。标注尺寸知识在第九章

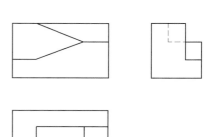

图 7-18   形体三视图

讲，标注过程略，如图 7-19 所示。

【例 7-2】 抄绘两视图（图 7-20），并补绘第三视图。

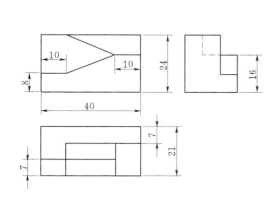

图 7-19 标注三视图

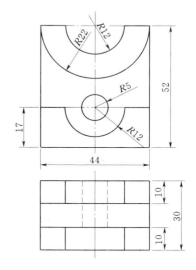

图 7-20 已知两视图

作题步骤如下：

（1）设置"图层"和"绘图单位"（步骤略）。

（2）在粗实线层作正视图。

1）用"矩形"命令绘制一个长 44、宽 52 的矩形。

2）用"分解"命令将矩形分解。

3）在中心线层，用"直线"命令绘制中心线。

4）用"偏移"命令向上偏移下水平线，偏移距离 17。

5）用"圆"命令绘制下部半径为 5、12 的圆。

6）用"圆"命令绘制上部半径为 12、22 的圆。

7）用"修剪"命令将多余线修剪掉。

（3）在粗实线层作俯视图。

1）使用对象追踪，用"矩形"命令绘制一个长 44，宽 30 的矩形。

2）在中心线层，用"直线"命令绘制中心线。

3）用"分解"命令将矩形分解。

4）用"偏移"命令分别向内偏移左右两条竖线，偏移距离均为 10。

5）用"偏移"命令分别向内偏移上下两条水平线，偏移距离均为 10。

6）用"修剪"命令将多余线修剪掉。

7）在虚线层，"直线"命令，追踪绘制圆洞两条虚线。

（4）在粗实线层补画左视图。

1）使用对象追踪，用"矩形"命令绘制一个长 30，宽 52 的矩形。

2）在中心线层，用"直线"命令绘制圆洞中心线。

3）用"分解"命令将矩形分解。

4）用"偏移"命令向左偏移右边竖线，偏移距离为 10。

5）用"偏移"命令向上偏移下水平线，偏移距离为 17。

6）用"修剪"命令将多余线修剪掉。

7）在虚线层，"直线"命令，追踪绘制圆洞和圆槽虚线。

结果如图 7-21 所示。

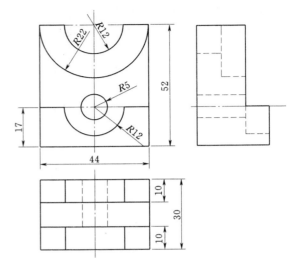

图 7-21   补画左视图

二、绘制剖视图与剖面图

1. 剖视图的画法

（1）根据所给的视图，选择适当的剖切位置。

（2）画剖切后形体的形状。

（3）实体部分填充材料。

注意： 在画剖视图时，剖视图的标注应该符合相关制图标准规定。

2. 剖视图和剖面图的区别

在画剖视图时，既要画出与剖切平面接触到的形状并填充，而且还要画出剖切平面后面的可见轮廓线。

在画剖面图时，只画出与剖切平面接触到的物体的形状并填充。

3. 绘图举例

【例 7-3】   抄绘两视图，如图 7-22 所示，补画 A—A 剖视图。

作题步骤如下：

（1）设置"图层"和"绘图单位"（步骤略）。

（2）在中心线层作俯视图与正视图的基准线，如图 7-23 所示。

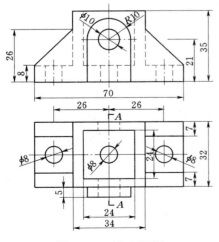

图 7-22   已知两视图

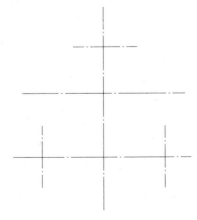

图 7-23   绘图基准线

（3）在粗实线层作俯视图。

1）用"矩形"命令绘制一个长 70、宽 32 的矩形，矩形中心与绘图基准中心对齐，作外轮廓。

2）用"分解"命令将矩形分解。

3）用"偏移"命令向内偏移上下部水平线，偏移距离为 7，作支撑板。

4）用"矩形"命令绘制一个长 34、宽 32 的矩形，矩形中心与绘图基准中心对齐，作中部槽外壁。

5）用"正多边形"命令绘制，中心定位于基准交点，内接于圆，半径 24 的正四边形，作中部槽内壁。

6）用"修剪"命令将多余线修剪掉。

7）用"直线"命令绘制一个长 20、宽 5 的前部凸台，一边与主体边线对齐。

8）用"圆"命令绘制三个直径为 8 的小圆，作三个底圆孔。

（4）在粗实线层作正视图。

1）打开对象捕捉，打开对象追踪。

2）使用对象追踪，用"直线"命令绘制一个长 70 底线。

3）用"直线"命令在底线左端向上绘制高为 8 的直线。

4）用"偏移"命令将底线向上偏移 26，将中心线向左偏移 17。

5）用"直线"命令连接左边外轮廓斜线。

6）用"直线"命令作左边剩余外轮廓线。

7）用"镜像"命令将左边外轮廓镜像至右边。

8）用"圆"命令绘制上部半径为 10 半圆和直径为 10 的圆。

9）用"直线"命令作半圆切线。

10）在虚线层，"直线"命令，追踪绘制内部虚线。

11）在虚线层，"直线"命令，追踪绘制俯视图中前凸台和槽后壁圆洞虚线。

（5）在粗实线层补作 A—A 剖视图。

1）打开正交，打开对象捕捉，打开对象追踪。

2）使用对象追踪，用"直线"命令分别绘制长为 35、32、31、5、4、27 的直线，构成 A—A 剖视图的轮廓。

3）中心线层绘制底圆中心线。

结果如图 7-24 所示。

4）用"偏移"命令将中心线向两边偏移，偏移距离均为 12，作槽内边线。

5）用"偏移"命令将底边线向上偏移，偏移距离为 8，作槽底边线。

6）用"偏移"命令将中心线向两边偏移，偏移距离为 4，作底圆内壁线。

7）中心线层追踪绘制前凸台中心线。

8）用"偏移"命令将前凸台中心线向上下偏移，偏移距离为 5，作凸台孔内壁线。

9）用"修剪"命令将多余线修剪掉，并修改图层。

结果如图 7-25 所示。

（6）填充剖面图案。

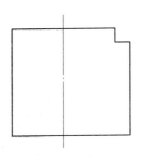

图 7-24   A—A 轮廓线

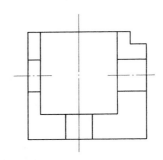

图 7-25   A—A 内外轮廓

在剖面线层，填充 ANSI31，比例 1。

（7）文字标注"A—A 剖视图"。

结果如图 7-26 所示。

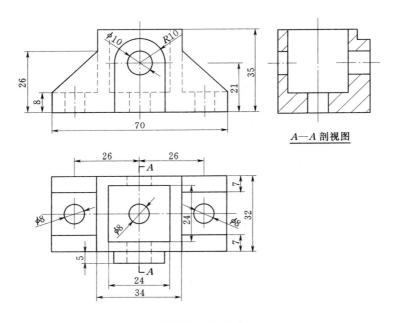

图 7-26   三视图

【例 7-4】   已知两视图与 3—3 剖视图（图 7-27），补绘 1—1、2—2 剖面图。

作题步骤如下：

（1）设置"图层"和"绘图单位"（步骤略）。

（2）在粗实线层抄绘原图，过程就不再叙述了。

（3）用"复制"命令复制 3—3 剖视图，修剪两侧，中心线向两侧各偏移 6，上下翼厚度不变，在填充层填充，即可修改为 1—1 剖面图。

（4）同 1—1 剖面图一样，修改即可得 2—2 剖面图。

结果如图 7-28 所示。

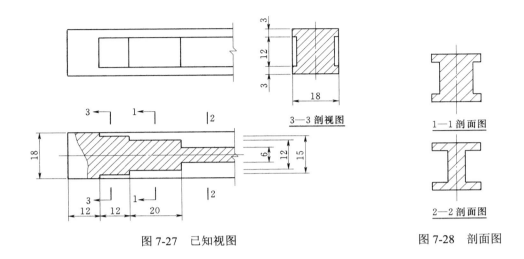

图 7-27　已知视图　　　　　　　图 7-28　剖面图

课　后　练　习

1. 练习填充图 7-29 房屋砖勒脚及外墙面渐变色（可以只做图案填充和渐变色练习，不强求按尺寸绘制建筑物）。

图 7-29　建筑立面图

2. 已知形体，如图 7-30 所示，绘制三视图。

3. 抄绘两视图，如图 7-31 所示，并补画第三视图。

4. 抄绘两视图，如图 7-32 所示，补画 A—A 剖视图，材料钢筋混凝土。

5. 已知两视图，如图 7-33 所示，补画 1—1、2—2 剖面图。材料为浆砌石。提示：选项板中无浆砌石材料，故需手绘砌石，再填充实体（solid）。

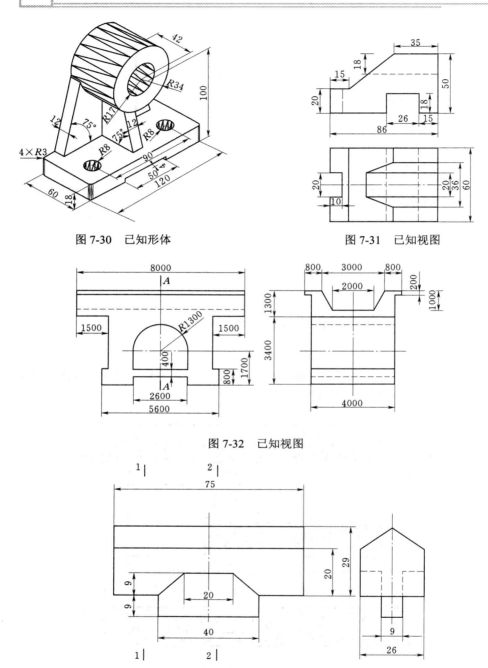

图 7-30　已知形体

图 7-31　已知视图

图 7-32　已知视图

图 7-33　已知视图

第八章 文字与表格

第一节 文字标注与编辑

工程图样中，除了有具体的图线和图例外，还有尺寸、文字、表格、符号等。对工程图样进行尺寸、文字、表格、符号等的标注，称为工程标注。本章只对文字和表格的标注方法进行介绍，后续章节介绍尺寸、符号等的标注。

一、创建文字样式

工程图样中的文字一般有多种格式。在同一张图纸中标注多种格式的文字，首先要对文字样式进行设置。根据制图标准，文字有字体样式和大小之分。本节就如何设置文字样式介绍如下：

（一）功能

创建新的文字样式或修改已命名的文字样式，并设置文字的当前样式。

（二）命令的调用

（1）在命令行中输入：STYLE，回车。

（2）在下拉菜单中单击："格式"→"文字样式"。

（3）在功能面板上单击："常用"→"注释"→"文字样式"。

（4）在"文字"工具条上单击"文字样式"按钮： 。

（三）操作指导

执行 STYLE 命令后，系统会弹出如图 8-1 所示的"文字样式"对话框。

图 8-1 "文字样式"对话框

在图 8-1 "文字样式"对话框中。

（1）"样式"区：上部列出已经建立的文字样式名，中间下拉列表指定所有样式还是仅使用样式列表中的样式，下部为文字样式的预览。

（2）"字体"区："字体名"列表，鼠标左键点击后，会有一个系统所有字体的列表，用户可以选择一种字体使用。

（3）"字体样式"：指定文字的格式，如斜体、粗体或常规格式。当用户使用大字体后，用于大字体文本。

（4）"大小"区：为文字设置高度大小。

（5）"效果"区："颠倒"，选择该复选框后，字体会倒置过来。"反向"，选择该复选框后，字体的前后顺序会反过来。"垂直"，当字体名支持双向时"垂直"才可用。选择该复选框后，字体会垂直排列。"宽度比例"，用来设置文字的宽度比例。"倾斜角度"，输入负值时，字体向左边倾斜，反之，向右边倾斜。

（6）"置为当前"：把选定的文字字体样式用于当前文本。

（7）"新建"：建立新的文字样式。

（8）"删除"：删除指定的文字样式。

文字样式设置完成后，在"样式"区自动产生一个新的样式名。只需点击"应用"→"关闭"，样式文件自动保存。

"样式"区中对某一文字样式单击右键，可以将该文字样式"置为当前"、"重命名"和"删除"。

注意： 在绘图过程中，应根据制图国家标准规定来合理地设置字体的样式。另外在设置字体样式的过程中，最好不要在"字体样式"对话框中设置字体的高度，而在注写字体时再单个设置。

（四）操作示例

根据制图标准来设置一种工程常用字体（命名"工程用字"）和建筑常用文字（命名"建筑图用字"）的字体样式。步骤如下：

（1）输入 STYLE 命令，回车，系统会弹出如图 8-1 所示的对话框。

（2）单击"新建"按钮，新建一种文字样式：工程用字，如图 8-2 所示。点击确定。

（3）在"字体名"的列表框中，选择"宋体"。

（4）"宽度因子"：输入 0.7。其他的参数采用系统缺省值。

（5）点击"应用"按钮。

（6）点击"关闭"按钮，完成设置。设置过程如图 8-3 所示。

"建筑图用字"样式设置过程同"工程用字"。我们可以依此方法设置其他文字样式，如"水利图用字"等。

二、单行文字与多行文字的标注

（一）单行文字的标注

1. 功能

输入单行文字，每行文字是一个独立的对象。

图 8-2　"新建文字样式"对话框　　　　　图 8-3　"工程用字"文字样式

2. 命令的调用

（1）在命令行中输入：TEXT，回车。

（2）在下拉菜单中单击："绘图"→"文字"→"单行文字"。

（3）在"文字"工具条上单击"单行文字"按钮： **AI** 。

（4）在功能面板上单击："常用"→"注释"→"文字"→"单行文字"。

3. 操作指导

命令：TEXT

当前文字样式：　"工程用字"　文字高度：　2.5000　注释性：　否

指定文字的起点或 [对正(J)/样式(S)]：

指定高度 <2.5000>: 5✓

指定文字的旋转角度 <0>: ✓

参数说明：

（1）指定文字的起点：指定文字输入的起点，系统缺省状态下，文字的起点是文字的左下角。可在屏幕上选择一点，作为输入文字的起点。

（2）[对正(J)/样式(S)]：

输入"J"后，回车后，命令提示如下：

[对齐(A)/调整(F)/中心(C)/中间(M)/右(R)/左上(TL)/中上(TC)/右上(TR)/左中(ML)/正中(MC)/右中(MR)/左下(BL)/中下(BC)/右下(BR)]：

输入"S"后，回车，命令提示如下：

输入样式名或 [?] <Standard>：

（3）指定高度 <2.5000>：指定输入文字的高度。

（4）指定文字的旋转角度 <0>：指定输入的文字与水平线的倾斜角度，正值向左边旋转，负值向右边旋转。

注意：用单行文字输入时，要结束一行并开始下一行，可在输入最后一个字符后按回车。要结束文字输入，可在"输入文字"提示下不输入任何字符，直接回车。

输入单行文字时，符号"±"应输入"%%p"，"°"应输入"%%d"，"Ø"应输入"%%c"。

4. 操作示例

练习单行文字输入，输入下面"设计说明"。

命令: _dtext↙

当前文字样式: "工程用字"　文字高度: 5.0000　注释性: 否

指定文字的起点或 [对正(J)/样式(S)]: （在屏幕上指定文字的左下角点）

指定高度 <5.0000>: ↙

指定文字的旋转角度 <0>: ↙

在屏幕上直接输入。结果如图 8-4 所示。

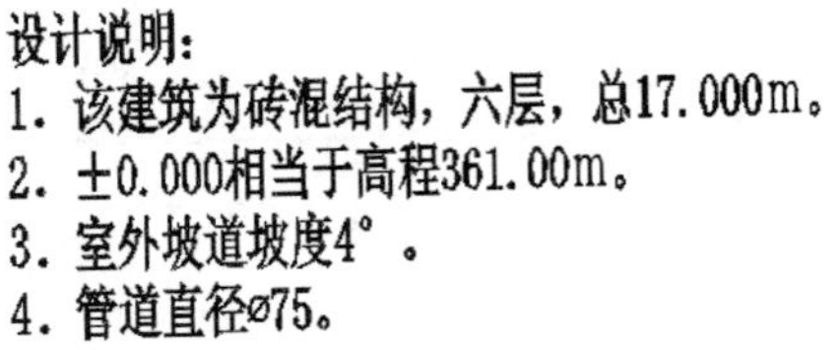

（二）多行文字的标注

1. 功能

输入多行文字，用于将多个文字段落创建单个多行文字对象。

2. 命令的调用

（1）在命令行中输入：MTEXT。

（2）在下拉菜单中单击："绘图"→"文字"→"多行文字"。

（3）在"绘图"或"文字"工具条点击按钮：

（4）在功能面板上单击："常用"→"注释"→"文字"→"多行文字"。

3. 操作指导

命令: mtext

当前文字样式: "工程用字"文字高度: 2.5　注释性: 否

指定第一角点:

指定对角点或 [高度(H)/对正(J)/行距(L)/旋转(R)/样式(S)/宽度(W)/栏(C)]:

参数说明:

（1）指定对角点：在指定两个角点后，系统在功能面板上弹出如图 8-5 所示的"多行文字"选项卡，即"多行文字编辑器"。

设计说明:
1. 该建筑为砖混结构，六层，总17.000m。
2. ±0.000相当于高程361.00m。
3. 室外坡道坡度4°。
4. 管道直径∅75。

图 8-4　单行文字标注

图 8-5　"多行文字"编辑器

在多行文字选项卡中：

1）"样式"面板：对文字的样式进行选择重新设置。

2）"设置格式"面板：字体、文字颜色和文字格式进行重新设置。

3）"段落"面板：对文字的段落进行编排。

4）"插入"面板：插入符号、文字段落和列。

5）"选项"面板：对文字查找和替换、拼写检查等文字格式进行选择。

6）"关闭"面板：关闭文字编辑器。

各符号的具体含义，如下。

如果关掉功能区，进行 MTEXT 操作，系统弹出如图 8-6 所示的文字格式工具条，在绘图区弹出如图 8-7 所示的多行文字编辑区。

图 8-6 "文字格式"对话框

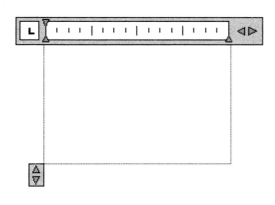

图 8-7 "多行文字"编辑区

1）"文字格式"工具条。

"B"：表示粗体。

"I"：表示斜体。

"U"：将文字加下划线。

"上划线" $\overline{O}$：将输入的文字加上上划线。

"放弃"、"重做" ↺ ↻：放弃或重做操作。

"a/b" ^b_a 按钮：分式按钮，用于不同分式形式的转换，转换时要先选择对象，然后再点击"分式"按钮

"颜色" ByLayer：选择文字的颜色。

"标尺" ▭：控制在输入文字区上部标尺的显示。

"确定"按钮：完成文字输入后，点击"确定"按钮退出命令。

"选项"按钮 ⊙：点击后显示"选项"快捷菜单，如图 8-8 所示。

"左对齐、居中对齐、右对齐" ≣ ≣ ≣ ≣：设置段落文字的水平位置。

"分布、行距、编号" ≣ ≣▾ ≣▾：分别设置文本分布、行距和对文本编号。

"插入字段" ▤： 字段是对当前图形说明的文字，字段值可进行更新。单击该按钮后，系统弹出"字段"对话框，如图 8-9 所示。

"全部大写、小写" Aa ᴀA：将选定的文字改为大写或小写。

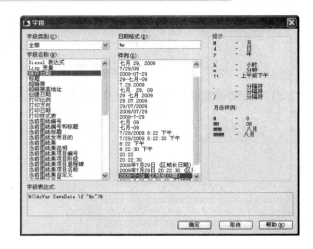

图 8-8　"选项"快捷菜单　　　　　　　　　　图 8-9　"字段"对话框

"符号" ：单击鼠标左键后，系统会弹出插入符号的快捷菜单，如图 8-10 所示。

"倾斜角度" 　：当输入倾斜角度的值为正值时文字向右倾斜，倾斜角度的值为负值时文字向左倾斜。

"追踪" 　：设定字间距。

"宽度比例" 　：设定字符的宽度比例。

"栏数" 　：对文本分栏。

"多行文字对正" 　：多行文字的对正方式。

"段落" 　：多行文字的段落对齐调整。

2）"文字编辑"区。各部分功能如图 8-11 所示。

（2）[高度(H)/对正(J)/行距(L)/旋转(R)/样式(S)/宽度(W)/栏(C)]

"高度"：用于设置字体的高度。

"对正"：输入文字的对正方式。

"行距"：设置输入的文字每行的距离。

"旋转"：指定文字的旋转角度。

"样式"：指定文字的样式。

"宽度"：用于设置矩形框的宽度。

"栏"：文本分栏。

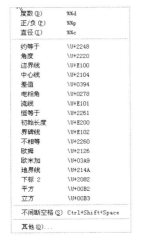

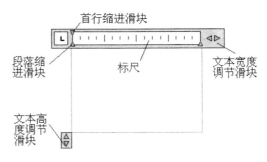

图 8-10　"符号"快捷菜单　　　　　　图 8-11　"文字编辑"区

注意： 当我们在 "文字编辑" 区单击鼠标右键时，系统会弹出如图 8-12 所示的快捷菜单。用户可通过此菜单对"文字编辑"区的内容、属性等进行调整。

4. 操作示例

用 MTEXT 的命令来输入图 8-4 所示的设计说明。

执行命令的过程：

令：_mtext 当前文字样式：　"工程用字"　文字高度：　5　注释性：　否

指定第一角点：（在屏幕上指定文字的左上角点）

指定对角点或 [高度(H) /对正(J) /行距(L) /旋转(R) /样式 (S) /宽度(W) /栏(C)]：

（在屏幕上指定文字的右下角点）

在文字输入区按要求输入文字内容即可。

三、文字的编辑

（一）单行文字的编辑

1. 功能

对单行输入的文字进行编辑。

2. 命令的调用

（1）在命令行中输入：DDEDIT。

（2）在下拉菜单中单击："修改"→"对象"→"文字"→"编辑"。

（3）在"文字"工具条单击按钮：　。

图 8-12　"文字编辑"
快捷菜单

3. 操作指导

命令：_ddedit

选择注释对象或 [放弃(U)]：

（1）如果选择的文字是用单行文字输入的，则系统就将文字激活直接进行文字内容的修改，修改完成后打回车确认。

（2）如果选择的文字是用多行文字输入的，则系统就会弹出多行文字输入状态，在该状态下直接进行文字内容的修改。修改完成后点击确定按钮。

4. 操作示例

命令：_ddedit

选择注释对象或［放弃(U)］：（选择一个单行输入的文本，如图8-13所示）

水利工程识图与计算机绘图

图8-13　单行文字编辑

注意： 对单行文字编辑时，只能对文字的内容进行编辑，而不能对文字的属性进行编辑。因此，我们在进行文字标注时，要进行周密考虑。如果我们要标注的内容可能要进行属性的修改，如大小、字体等，那么我们在标注文字时就不要用单行文字标注。

（二）多行文字的编辑

1. 功能

对多行输入的文字进行编辑。

2. 命令的调用

（1）在命令行中用键盘输入：DDEDIT。

（2）在下拉菜单中单击："修改"→"对象"→"文字"→"编辑"。

（3）在"文字"工具条单击按钮： 。

执行上述操作后，命令要"选择注释对象"，我们选择多行文字，即对多行文字编辑。或采用以下方法：

（1）在命令行中用键盘输入：MTEDIT。

（2）在功能面板上单击："注释"→"文字"→"编辑"  。

3. 操作指导

命令：_mtedit 选择多行文字对象：

"选择多行文字对象"：选择多行输入的文字，则系统会弹出多行文字输入状态，在该状态下直接进行文字内容的修改。修改完成后点击确定按钮。

4. 操作示例

命令：_mtedit 选择多行文字对象：

进入文字编辑时，我们可以对字号、字体、文字样式等进行修改，结果如图8-14所示。

注意： 在对单行或多行文字进行编辑时，也可以用鼠标左键连续双击修改对象的方法来启动命令。这种快捷方式在以后的绘图过程中要多加采用。

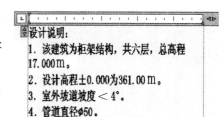

图8-14　多行文字编辑

第二节 表格的创建与编辑

一、设置表格样式

表格的外观由表格样式控制。在工程图样中，不同的表格有不同的样式。我们可以自己设定所需的表格样式，也可以利用编辑表格的方式对表格进行修改，达到我们所需的表格样式。

1. 功能

设置表格的外观形式。

2. 命令的调用

（1）在命令行中用键盘输入：TABLESTYLE。

（2）在下拉菜单中单击："格式"→"表格样式"。

（3）在"样式"工具条上单击"表格样式"按钮： 。

（4）在功能面板上单击："常用"→"注释"→"表格样式"。

（5）在功能面板上单击："注释"→"表格"→"表格样式"。

3. 操作指导

通过执行 TABLESTYLE 命令后，系统会弹出如图 8-15 所示的"表格样式"对话框。

在图 8-15"表格样式"对话框中：

（1）"当前表格样式"：显示当前表格样式的名称。

（2）"样式"：创建的所有的表格样式名称列表。

（3）"列出"：控制在样式中的内容显示。包括了两个选项：所有样式和正在使用的样式。

（4）"预览"：对所选定表格样式的预览。

（5）"置为当前"：将选定的表格样式设置为当前样式。

（6）"新建"：创建新的表格样式，点击后系统会弹出一个"创建新的表格样式"对话框如图 8-16 所示。在该对话框中可以输入新的表格样式名，选择哪种样式作为基础样式。

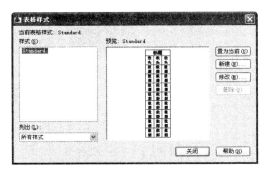

图 8-15 "表格样式"对话框

图 8-16 新建表格样式

在"创建新的表格样式"对话框中，单击"继续"按钮后，系统会弹出如图 8-17 所示的"新建表格样式"的对话框，在该对话框中，有 3 个选项区。各选项区面板上的内容含义如下：

图 8-17　门窗表格样式

图 8-18　数据的文字样式

"起始表格"：单击 ，系统要求用户选择一个已有表格作为新建表格的格式。选择表格后，可以从指定表格复制表格内容和表格格式。

"常规"：表格的常规表达，有"标题"向上和向下两种方式。选择其中的一种，在下面的预览框中有相应的格式。

"单元样式"区：有标题、表头和数据三个选项。选择其中的一个选项，如数据，可以对"数据"的常规、文字和边框进行修改。如图 8-18 所示的数据的文字样式和图 8-19 所示的数据的边框样式。

"单元样式预览"区：预览相应的单元样式。

"创建行/列时合并单元"：使用当前表格样式所创建的行或列合并成一个单元。

单击"单元样式"中的 ，创建新单元格样式。

单击"单元样式"中的 ，弹出如图 8-20 所示的管理单元样式。

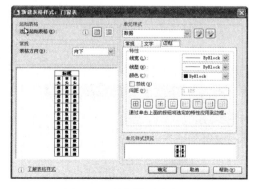

图 8-19　数据的边框样式

图 8-20　管理单元样式

（7）"修改"：对选定的表格样式进行修改。"修改"的界面同"新建"的界面。

（8）"删除"：删除选定的表格样式。

注意：在图 8-15 所示的表格样例中，第一行是标题行，由文字居中的合并单元行组成；第二行是表头行；其他行都是数据行。

4. 操作示例

下面我们创建一个"门窗统计表"的表格样式，步骤如下：

（1）执行 TABLESTYLE 命令，系统弹出图 8-15 所示的表格样式对话框。在该对话框中单击"新建"按钮，在图 8-16 所示的"创建新的表格样式"对话框中，输入新样式名为"门窗统计表"。

（2）单击"继续"按钮，在图 8-16 所示的"创建新的表格样式"对话框中，设置"数据"行的文字样式为"工程用字"；文字高度为 3.5；选择"所有边框"；选择"正中"对齐。

（3）在"表头"行，选择文字样式为"工程用字"；文字高度为 5；选择"所有边框"；选择"正中"对齐。

（4）在"标题"行，选择文字样式为"工程用字"；文字高度为 7；选择"底部边框"；选择"正中"对齐。

（5）单击"关闭"按钮。

二、插入表格

1. 功能

在图形中创建表格对象。

2. 命令的调用

（1）在命令行中用键盘输入：TABLE，回车。

（2）在下拉菜单中点击：绘图→表格。

（3）在"绘图"工具条上单击"表格"按钮：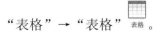 。

（4）在功能面板上单击："常用"→"注释"→"表格" 。

（5）在功能面板上单击："注释"→"表格"→"表格" 。

图 8-21　"插入表格"对话框

3. 操作指导

执行 TABLE 命令后，系统会弹出如图 8-21 所示的"插入表格"对话框。

在如图 8-21 所示的"插入表格"对话框中，各项含义具体如下：

（1）"表格样式设置"区。

"表格样式"：选择创建好的表格样式，如"门窗统计表"。

（2）"插入选项"区。

1）"从空表格开始"：在图形文件中插入一个空表格。

2）"自数据链接"：从外部电子表格中的数据创建表格。选择此选项，表格样式中的表格样式不起作用，呈灰色。单击 ，系统弹出如图 8-22 所示的选择数据链接对话框。

在此对话框中，可以选择外部 Excel 格式的数据。单击 创建新的 Excel 数据链接，系统弹出如图 8-23 所示的数据链接名称对话框。在"名称"中输入如"门窗表"的 Excel 的文件名，点击"确定"，系统弹出如图 8-24 所示的 Excel 数据链接表。

图 8-22　"选择数据链接"对话框　　　　图 8-23　"输入数据链接名称"对话框

在图 8-24 所示对话框中单击"预览文件"后的"…"按钮，选择要链接的文件，如"门窗表"Excel 文件（事先用 Excel 表做好的表格），系统弹出类似图 8-24 的图 8-25，被链接的 Excel 表在"预览"中显示所链接的表格内容，并在"选择 Excel 文件"中显示文件路径。

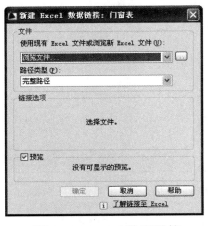

图 8-24　Excel 数据链接

单击"确定"按钮，系统弹出类似图 8-22 的图 8-26。在此对话框中，"链接"栏中增加了一个链接对象"门窗表"，并在"详细信息"中显示所链接对象的相关信息，在"预览"栏中显示被链接的 Excel 表格内容。

单击"确定"按钮，系统弹出类似图 8-21 的图 8-27。在此对话框中，"自数据链接"选项中出现刚增加的"门窗表"，在"预览"栏中显示被链接的 Excel 表格内容。

单击"确定"按钮，在绘图区指定一个插入点，则在图形文件中插入一个门窗表格，如图 8-28 所示。

3）"自图形中的对象数据"：从已知表格中提取数据。

图 8-25　链接门窗表

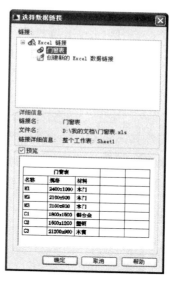

图 8-26　链接门窗表

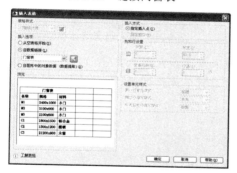

图 8-27　链接门窗表

门窗表				
名称	规格	材料		
M1	2400×1000	木门		
M2	2100×900	木门		
M3	2100×800	木门		
C1	1800×1500	铝合金		
C2	1500×1200	塑钢		
C3	2120×900	木窗		

图 8-28　插入门窗表

（3）"插入方式"区。

"指定插入点"：在屏幕上指定或用键盘输入坐标来确定表格左上角的位置。

"指定窗口"：在屏幕上指定两个角点的方式（或用键盘输入坐标）来确定表格的大小，选择此项后，列宽和行高取决于表格的大小。

（4）"预览"：显示表格样式的样例。

（5）"列和行设置"区："列数、列宽、数据行数、行高"：分别设置列数、列宽度、行数和行高。

（6）"设置单元样式"区：设置表格的第一行、第二行和其他行内容是否是标题、表头还是数据。

注意："插入表格"对话框设置好后，插入的表格是一个空表格，我们可以在表格的单元中添加内容。另外，行高是以文字的行数为基准而进行设置的，具体的行高值还要根据实际值进行换算。

4. 操作示例

下面我们将上节中创建的"门窗统计表"插入到图中，步骤如下：

（1）执行 TABLE 命令，系统弹出如图 8-29 所示的插入表格对话框，在该对话框中选择表格样式名为"门窗统计表"。

（2）选择"指定插入点"作为插入方式。

（3）在"列和行设置"区设置 5 列 4 行，列宽和行高分别为 15 和 1。

设置过程如图 8-29 所示。

（4）单击"确定"按钮，在屏幕上指定插入点插入表格。

结果创建如图 8-30 所示的一个空表格。

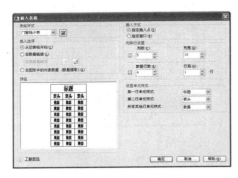 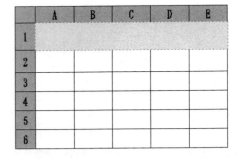

图 8-29　插入门窗统计表　　　　　　　图 8-30　插入门窗统计表

注意： 创建完一个空表格后，系统继续要求输入文字。在输入文字前，还可以对表格进行编辑。输入文字时，采用 Tab 键或"方向"键进行单元格切换。

三、表格编辑

（一）用 TABLEDIT 编辑表格

1. 功能

对插入的表格样式及内容进行修改。

2. 命令的调用

（1）在命令行中用键盘输入：TABLEDIT。

（2）在表格单元格中双击鼠标左键。

3. 操作指导

命令：tabledit↙

拾取表格单元：

（1）在要编辑的单元格中单击鼠标左键。

系统在功能面板上弹出如图 8-31 所示的"表格"选项卡。

图 8-31"表格"选项面板

在表格选项卡中：

1）"行数"面板：对表格的行进行插入与删除编辑。

2）"列数"面板：对表格的列进行插入与删除编辑。

3）"合并"面板：对表格进行单元合并与取消合并。

4）"单元样式"面板：对选定的单元格进行匹配和单元格的背景、表格内容及单元格边框进行修改。

5）"单元格式"面板：对选定的单元格锁定与解锁，同时也可以改变单元格内内容的格式。

6）"插入点"面板：对选定的单元格插入块、字段、计算公式和管理单元格内容。

7）"数据"面板：向选定单元格链接数据或从源下载数据。

在绘图区，表格处于夹点编辑状态，如图 8-32 所示。在此状态下可以改变单元格的大小，并可以自动添加数据。同时还可以对表格进行结构调整，如插入与删除行和列、合并单元格等。

（2）在要编辑的单元格中双击左键。

系统在功能面板上弹出如图 8-5 所示的"多行文字"选项卡，即"多行文字编辑器"。在绘图区，表格处于编辑状态。

如果关掉功能区，进行 TABLEEDIT 操作，系统弹出如图 8-6 文字格式工具条。在绘图区，表格处于编辑状态。

在表格编辑状态，用户可根据需要对表格内容进行修改。

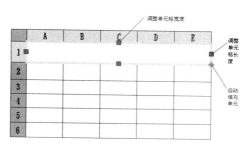

图 8-32　表格单元夹点编辑

（二）用快捷菜单进行编辑

当选择一个单元格后，单击鼠标右键，系统弹出如图 8-33 所示的"编辑表格"的快捷菜单，用户可通过此快捷菜单对表格内容进行编辑和修改。

图 8-33　表格编辑快捷菜单

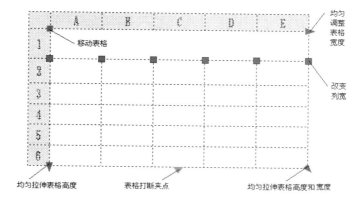

图 8-34　夹点编辑表格

（三）用表格夹点进行编辑

前面已叙述用夹点编辑的方法，对表格单元格进行编辑。下面讲述用夹点编辑的方法对表格编辑。

　　对插入的表格，在没有其他命令的状态下，整体选择，如图 8-34 所示。通过单击夹点，拉伸改变表格高度或宽度，或整体移动表格。

　　注意：在表格夹点编辑状态，只能修改表格的外观，不能改变表格内部结构，如插入与删除行和列、合并单元格等。

课　后　练　习

　　1. 设置一个"长仿宋体字"文字样式，要求字体名为"仿宋_GB2312"，字高 5，字体宽度比例因子 0.7。

　　2. 用练习 1 中的字体样式，单行文字输入一句"工程图样是工程界的技术语言"。

　　3. 用练习 1 中的字体样式，多行文字输入如图 8-14 所示的"设计说明"。

　　4. 对练习 1 中的单行文字进行编辑，换成另外一句话。

　　5. 对图 8-14 所示的"设计说明"进行文字编辑，编辑内容自定。

　　6. 设置一个"图纸目录"表格样式，要求"标题"7 号字，"表头"5 号字，"数据"3.5 号字。所有用"水利工程图用字"文字样式，所有边框。其他默认。

　　7. 创建一个"图纸目录"表格，要求 3 列，5 行，列宽 35，行高一行。内容如图 8-35 所示。

　　8. 对"图纸目录"表格进行编辑，编辑后结果如图 8-36 所示。

图纸目录		
序号	图纸编号	图纸名称
1	建施一	建筑总平面图
2	建施二	建筑平面图
3	建施三	建筑立面图
4	结施一	基础图
5	结施二	楼层布置图

图 8-35　图纸目录

图纸目录			
序号	类别	图纸编号	图纸名称
1	建施图	建施一	建筑总平面图
2		建施二	建筑平面图
3		建施三	建筑立面图
4	结施图	结施一	基础图
5		结施二	楼层布置图

图 8-36　编辑图纸目录

　　9. 设置一个"斜体数字"文字样式（斜体数字主要用于尺寸标注），要求采用"isocp.shx"字体名，字高 3.5，宽度比例为"0.7"，倾斜角度"15"。然后输入"0123456789"和"a~z"。

第九章 尺 寸 标 注

第一节 设置尺寸标注样式

尺寸是工程图样中必不可少的组成部分，尺寸标注在绘制工程图样中占有非常重要的地位。要想使工程图样中的尺寸标注准确而又美观，首先应该会设置尺寸的标注样式。

一、创建标注样式

（一）功能

通过控制标注的外观，如箭头样式、文字位置和尺寸公差等，以快速指定标注的格式，并确保标注符合行业或项目标准。

（二）命令的调用

（1）在命令行中用键盘输入：DIMSTYLE 或 DIMSTY。

（2）在下拉菜单中单击："格式"→"标注样式或标注"→"标注样式"。

（3）在功能面板上单击："常用"→"注释"→"标注样式" ⬚。

（4）在功能面板上单击："注释"→"标注"→"标注样式" ⬚。

（三）操作指导

（1）执行 DIMSTYLE 的命令后，系统会弹出如图 9-1 所示的"标注样式管理器"对话框，用户可在该对话框中进行新的标注样式的设置。

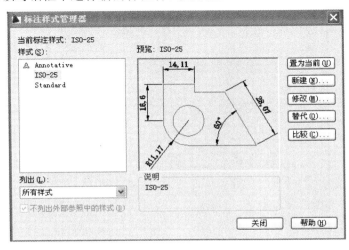

图 9-1 "标注样式管理器"对话框

图 9-2　创建新标注样式

（2）在"标注样式管理器"对话框中，选择要从中创建子样式的样式。单击"新建"按钮，系统会弹出如图 9-2 所示的"创建新标注样式"对话框。在"创建新标注样式"对话框中，从"用于"列表中选择要应用于子样式的标注类型，单击"继续"按钮。

（3）在"新建标注样式"对话框中，选择相应的选项卡并进行修改标注子样式（修改内容及要求见下面"修改标注样式"）。

（4）单击"确定"。

（5）单击"关闭"将退出"标注样式管理器"。

（四）参数说明

"样式列表框"：列出已经定义好的标注样式。

"预览"：设置完成后的结果显示。

"列出"：有两种可以选择，一种是"所有样式"；一种是"正在使用的样式"。

"说明"：使用的是哪一种标注样式。

"置为当前"：将设置好的标注样式作为当前样式应用到图形中。

二、修改标注样式

组成尺寸的四个要素：尺寸线、尺寸界线、尺寸起止符号和尺寸数字。尺寸标注样式的修改主要是对尺寸四要素的修改，目的是使尺寸标注符合制图国家标准；尺寸标注的"调整"和"主单位"则主要是对尺寸标注的美观及标注的格式和精度进行调整。

在"标注样式管理器"中，单击"修改"，或在"创建新标注样式"对话框中，点击"继续"按钮后，系统会弹出如图 9-3 所示的"新建标注样式"的对话框。在该对话框中，有 7 个选项卡。各选项卡面板上的内容含义如下。

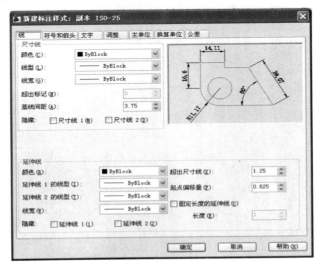

图 9-3　新建标注样式——直线

1. "线"选项卡

"线"选项卡主要是对"尺寸线和尺寸界线"要素的设置，有两个选项区。

（1）"尺寸线"区有6项内容：

"颜色"：选择尺寸线的颜色。

"线型"：选择尺寸线的线型。

"线宽"：选择尺寸线的宽度。

"超出标记"：当尺寸线终端选用斜线时，尺寸线超出尺寸界线的数值。

"基线间距"：当采用基线标注时，两条尺寸线之间的距离。

"隐藏"：通过选择尺寸线1和尺寸线2的两个复选框来有选择的隐藏尺寸线。

（2）"延伸线"区有9项内容（延伸线即尺寸界线）：

"颜色"：选择尺寸界线的颜色。

"延伸线1的线型"：选择延伸线线1的线型。

"延伸线2的线型"：选择延伸线线2的线型。

"线宽"：选择尺寸界线的线宽度。

"超出尺寸线"：尺寸界线超出尺寸线的长度。

"起点偏移量"：在进行尺寸标注时，标注的目标点与尺寸界线的距离。根据制图标准，水工图一般应取2~3mm。

"隐藏"：通过延伸线1的线型和延伸线2的线型这两个复选框的选择，来达到隐藏尺寸界线的目的。

"固定长度的延伸线"：定义延伸线从尺寸线开始到标注原点的总长度。选择此复选框后，可在其后的"长度"框后输入长度数值。

2. "符号和箭头"选项卡

"符号和箭头"选项卡主要是对"尺寸起止符号"要素的设置，如图9-4所示，有两个选项区。

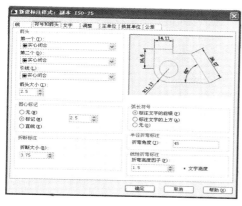

图9-4 新建标注样式——符号和箭头

（1）"箭头"区有4项内容。

"第一项"、"第二项"：根据制图标准不同来选择尺寸线终端的形式。

"引线"：在用引线标注时引线的终端形式。

"箭头大小"：尺寸线或引线终端的大小。

（2）"圆心标记"区有4项内容。

"无"：选择此项后，系统将不创建对圆或圆弧的圆心标记或中心线。

"标记"：选择此项后，系统将创建对圆或圆弧的圆心标记或中心线。

"直线"：选择此项后，系统将创建圆或圆弧的中心线。

"大小"：设置圆心标记或中心线超出圆或圆弧外的大小。

（3）折断标注：折断大小是显示和设置用于折断标注的间距大小。

（4）"弧长符号"区有 3 项内容。

"标注文字的前缀"：选择此项后，系统将标注的弧长符号放在文字的前面。

"标注文字的上方"：选择此项后，系统将标注的弧长符号放在文字的上方。

"无"：选择此项后，系统在标注时不显示弧长符号。

（5）"半径折弯标注"："折弯角度"是确定折弯半径标注中，尺寸线的横向线段的角度，如图 9-5 所示。

（6）线性折弯标注：通过形成折弯的角度的两个顶点之间的距离确定折弯高度。

3. "文字"选项卡

"文字"选项卡主要是对"尺寸数字"要素的设置，如图 9-6 所示。在"文字"选项卡上有 3 个选项区。

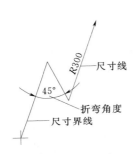

图 9-5　折弯角度

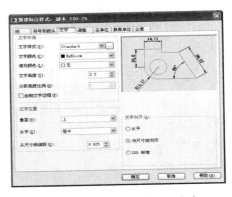

图 9-6　新建标注样式——文字

（1）"文字外观"区有 6 项内容。

"文字样式"：选择注写数字的样式。

"文字颜色"：选择注写数字的颜色。

"填充颜色"：在标注时选择数字背景的颜色。

"文字高度"：根据制图标准来确定数字的高度。

"分数高度比例"：当"单位格式"为"分数"时，此项亮显。可以来设置数字的高度。

"绘制文字边框"：选择此项时，标注的数字带一边框。

（2）"文字位置"区有 3 项内容。

"垂直"：设置垂直于尺寸线的数字的位置。

"水平"：用来设置沿尺寸线方向上的数字的位置。

"从尺寸线偏移"：设置尺寸数字的底部离尺寸线的距离。

（3）"文字对齐"区有 3 项内容。

"水平"：选择该项后，所有的尺寸数字字头始终向上，适用于角度尺寸标注。

"与尺寸线对齐"：选择该项后，所有的尺寸数字与尺寸线都垂直。

"ISO 标准"：选择该项后，凡是在尺寸界线内的文字均与尺寸线垂直；而在尺寸界线外的文字均水平排列。

4. "调整"选项卡

"调整"选项卡控制标注文字、箭头、引线和尺寸线的放置。

如图9-7所示，在该选区中包括四个选区即调整选项、文字位置、标注特征比例、优化。

（1）"调整选项"区有6项内容：控制基于延伸线之间可用空间的文字和箭头的位置。

"文字和箭头（最佳效果）"：选择该项时，尺寸数字和箭头按最佳的效果放置。

"箭头"：选择该项时，当尺寸界线的范围内只能放下箭头时，则箭头放在尺寸界线内，尺寸数字放在尺寸界线外的引线上。

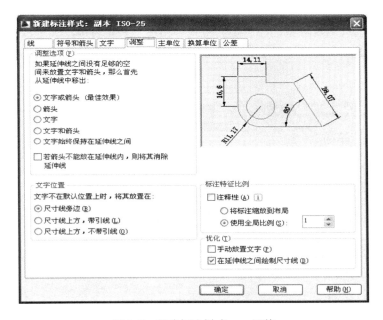

图9-7　新建标注样式——调整

"文字"：选择该项时，当尺寸界线的范围内只能放下尺寸数字时，则尺寸数字放在尺寸界线内，箭头放在尺寸界线外。

"文字和箭头"：选择该项时，当尺寸界线的范围内既不能放下尺寸数字也不能放下箭头时，则尺寸数字和箭头均放在尺寸界线外。

"文字始终保持在延伸线之间"：选择该项时，不管尺寸界线的范围内能不能放下尺寸数字，尺寸数字都始终保持在尺寸界线范围内。

"若箭头不能放在延伸线内，则将其消除延伸线"：选择该项时，若延伸线范围内放不下尺寸数字和箭头时，则将箭头消除掉。

（2）"文字位置"选项区有3个选项。

"尺寸线旁边"：当尺寸数字不在默认位置时，将其放置在尺寸线的旁边。

"尺寸线上方，加引线"：当尺寸数字不在缺省位置时，将其置于尺寸线的上方，加引线。

"尺寸线上方，不加引线"：当尺寸数字不在缺省位置时，将其置于尺寸线的上方，不加引线。

（3）"标注特征比例"区有两项内容。

"将标注缩放到布局"：按模型空间或图纸空间的缩放比例关系，来标注尺寸。

"使用全局比例"：尺寸标注的变量采用同一比例，但不更改标注的测量值。

（4）"优化"选项区有两项内容。

"手动放置文字"：选择该项时，根据系统的提示来放置尺寸数字。

"在延伸线之间绘制尺寸线"：选择该项时，不管延伸线之间的空间是否够，系统都会在延伸线之间绘制尺寸线。

5."主单位"选项卡

"主单位"选项卡设置主标注单位的格式和精度，并设置标注文字的前缀和后缀。

如图 9-8 所示，在该对话框中有 5 个选区即线性标注、测量单位比例、角度标注、消零等。

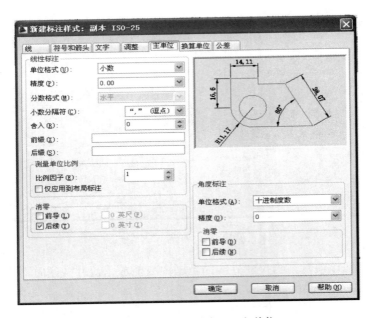

图 9-8　新建标注样式——主单位

（1）"线性标注"选项区有 7 项内容。

"单位格式"：根据绘图的需要来选择线性标注的单位格式。单位格式主要有小数、科学、建筑等。

"精度"：设置尺寸数字小数点的位数。

"分数格式"：当单位格式为分数时，来设置尺寸分数的放置格式。

"小数分隔符"：设置整数和小数之间的分隔符的形式。有句号、逗点等。

"舍入"：设置线性标注中尺寸数字小数点后面的大小进行舍入。

"前缀"、"后缀"：在尺寸数字的前面或后面加上特殊符号。

（2）"测量单位比例"选区有 3 项内容。

"比例因子"：根据绘图比例的变化来选择合适的比例因子。例如绘图比例为 1:100，则在比例因子选项中输入 100。

"仅应用到布局标注"：控制是否把比例因子仅应用到布局标注中。

"消零"：通过选择前导或后续来达到在尺寸数字的前面或后面是否显示零。

（3）"角度标注"区有 3 项内容。

"单位格式"：根据绘图需要来设置角度的单位格式。角度的单位格式有十进制度数、弧度等。

"精度"：设置角度数值小数点的位数。

"消零"：通过选择前导或后缀来达到在角度数字的前面或后面是否显示零。

6. "换算单位"选项卡

如图 9-9 所示，在该对话框中，通过对换算单位、位置、消零等项的设置，来达到两种单位换算的目的，我们在今后的实际绘图中用到的比较少，这里就不一一叙述了。

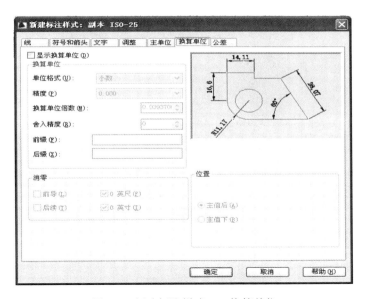

图 9-9　新建标注样式——换算单位

7. "公差"选项卡

如图 9-10 所示，在该对话框中，包括了公差格式、换算单位、公差对齐和消零等选区。

（1）"公差格式"区有以下内容：

"方式"：通过下拉列表来选择公差标注的方式。

"精度"：设置公差数值的小数点后面的位数。

"上偏差"、"下偏差"：设置公差的上、下的偏差值。

"高度比例"：设置公差标注时公差数字的高度。

"垂直位置"：用来设置公差数字和尺寸数字的对齐方式。

（2）"消零"：通过选择前导或后续来控制显示公差数字前或后的零的显示。

（3）"换算单位公差"区有精度和消零两个选项，通过设置来达到不同单位的公差互相换算的目的。

（4）"公差对齐"：堆叠时，控制上偏差值和下偏差值的对齐。

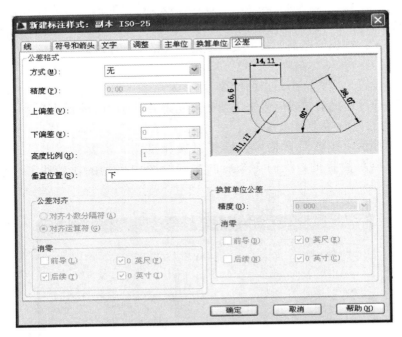

图 9-10　新建标注样式——公差

第二节　基本标注命令

在同一张图纸上有时要设置多种标注样式。设置好标注样式后，选择相应的标注样式就可以进行尺寸标注了。AutoCAD 2009 提供了多种尺寸标注的方式，这里我们重点介绍主要的尺寸标注。

一、直线标注

（一）线性标注

1. 功能

对指定的位置或对象的水平或垂直部分来创建标注。

2. 命令的调用

（1）在命令行中输入：DIMLINEAR。

（2）在下拉菜单中单击："标注"→"线性"。

（3）在功能面板上单击："常用"→"注释"→"线性"。

（4）在功能面板上单击："注释"→"标注"→"线性"。

3. 操作指导

（1）命令: _dimlinear✓

指定第一条延伸线原点或 <选择对象>:

指定第二条延伸线原点:

指定尺寸线位置或

[多行文字(M)/文字(T)/角度(A)/水平(H)/垂直(V)/旋转(R)]:

标注文字 = 11.49

（2）按 Enter 键选择要标注的对象，或指定第一条或第二条尺寸延伸线的原点。

（3）在指定尺寸线位置之前，可以替代标注方向并编辑文字、文字角度或尺寸线角度:

1）要旋转尺寸延伸线，请输入 r（旋转）。然后输入尺寸线角度。

2）要编辑文字，请输入 m（多行文字）。在"在位文字编辑器"中修改文字。单击"确定"。

3）在尖括号内编辑或覆盖尖括号（<>）将修改或删除程序计算的标注值。通过在括号前后添加文字可以在标注值前后附加文字。

4）要旋转文字，请输入 a（角度）。然后输入文字角度。

（4）指定尺寸线的位置。

4. 参数说明

"多行文字（M）": 输入 M 后回车，系统会弹出如图 9-11 所示的"多行文字编辑器"对话框，用户可在此对话框中输入尺寸数字。

"文字（T）": 选择 T 后，系统会提示输入标注文字。

"角度（A）": 选择 A 后，系统提示输入标注文字与尺寸线倾斜的角度。

"水平（H）": 选择 H 后，系统取消默认，强制执行水平标注。

"垂直（V）": 系统强制执行垂直标注。

"旋转（R）": 选择 R 后，系统提示输入尺寸线的旋转角度。

图 9-11　"多行文字编辑器"对话框

注意: 线性标注只是测量两个点之间的距离，常用做标注水平方向和竖直方向的尺寸。

5. 操作示例

标注三角形（图 9-12）的底边和高的尺寸。

图 9-12　三角形

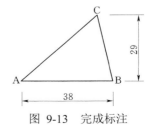

图 9-13　完成标注

做题过程如下：

（1）首先标注底边的尺寸。

命令：_dimlinear

指定第一条尺寸界线原点或 <选择对象>：　　（选择 A 点）

指定第二条尺寸界线原点：　　　　　　　　（选择 B 点）

指定尺寸线位置或

[多行文字(M)/文字(T)/角度(A)/水平(H)/垂直(V)/旋转(R)]：

标注文字=38

（2）标注三角形的高。

命令：_dimlinear

指定第一条尺寸界线原点或 <选择对象>：（选择 B 点）

指定第二条尺寸界线原点：　　　　　　　　（选择 C 点）

指定尺寸线位置或

[多行文字(M)/文字(T)/角度(A)/水平(H)/垂直(V)/旋转(R)]：

标注文字=29

结果如图 9-13 所示。

（二）对齐标注

1. 功能

创建与指定位置或对象平行的标注。在对齐标注中，尺寸线平行于尺寸延伸线原点连成的直线。

2. 命令的调用

（1）在命令行中用键盘输入：DIMALIGNED。

（2）在下拉菜单中单击："标注"→"线性"。

（3）在功能面板上单击：常用→注释→对齐　　　。

（4）在功能面板上单击：注释→标注→对齐　　　。

3. 操作指导

命令：_dimaligned

指定第一条尺寸界线原点或 <选择对象>：　　　　　　　　（指定标注对象的起点，直接回车后，要求选择标注的对象）

指定第二条尺寸界线原点：　　　　　　　　（指定标注对象的终点）

指定尺寸线位置或

[多行文字(M)/文字(T)/角度(A)]：

标注文字 = 43

其操作过程和相关参数的含义与线性标注里的含义相同。

注意：对齐标注主要是在标注斜线时用到。

4. 操作示例

对多边形（图 9-14）的边长标注尺寸。

做题过程如下：

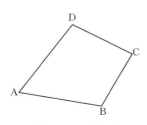

图 9-14 多边形

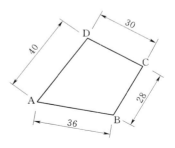

图 9-15 完成标注

首先标注 AB，接着再标注 BC、CD 和 DA。命令过程类似。

命令：_dimaligned

指定第一条尺寸界线原点或 <选择对象>:

指定第二条尺寸界线原点:

指定尺寸线位置或

[多行文字(M)/文字(T)/角度(A)]:

标注文字=36

结果如图 9-15 所示。

（三）角度标注

1. 功能

角度标注是指测量 2 条直线或 3 个点之间的角度。要测量圆的两条半径之间的角度，可以选择此圆，然后指定角度端点。对于其他对象，需要选择对象然后指定标注位置。还可以通过指定角度顶点和端点标注角度。

2. 命令的调用

（1）在命令行中用键盘输入：DIMANGULAR。

（2）在下拉菜单中单击："标注"→"角度"。

（3）在功能面板上单击："常用"→"注释"→"角度" 。

（4）在功能面板上单击："注释"→"标注"→"角度" 。

3. 操作指导

命令：_dimangular

选择圆弧、圆、直线或 <指定顶点>:（选择要标注的圆弧、圆、直线或直接回车后执行 <指定顶点>的命令）

选择第二条直线:（选择要标注角的第二边）

指定标注弧线位置或 [多行文字(M)/文字(T)/角度(A)]:（指定圆弧线的位置或执行后面的命令）

标注文字=57

4. 参数说明

当我们选择"圆弧"时如图 9-16（*a*）所示，系统会执行以下的命令过程：

命令：_dimangular

选择圆弧、圆、直线或<指定顶点>：　　　　　　　　　　　　　　（选择圆弧）

指定标注弧线位置或[多行文字(M)/文字(T)/角度(A)]：

标注文字 =116

当我们选择"圆"时如图 9-16（*b*）所示，系统会执行以下的命令过程：

命令：_dimangular

选择圆弧、圆、直线或 <指定顶点>：　　　　　　　（选择圆上的第一个点）

指定角的第二个端点：　　　　　　　　　　　（选择圆上的第二个点）

　　指定标注弧线位置或 [多行文字(M)/文字(T)/角度(A)]：

　　标注文字 =90

当我们选择"直线"时如图 9-16（*c*）所示，所要标注的是两直线夹角。命令过程如下：

　　命令：_dimangular

选择圆弧、圆、直线或 <指定顶点>：　　　　　　（选择直线夹角的第一条边）

　　选择第二条直线：　　　　　　　　　　　（选择直线夹角的第二边）

　　指定标注弧线位置或 [多行文字(M)/文字(T)/角度(A)]：

标注文字 =61

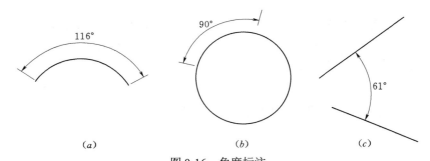

图 9-16　角度标注

（*a*）圆弧角度；（*b*）圆弧角度；（*c*）直线角度

注意：在标注圆弧和圆的角度时实际上是标注它们两点之间的圆心角。根据制图标准的规定，角度数字应水平书写（字头始终向上）。

（四）坐标标注

1. 功能

坐标标注是测量原点（称为基准）到特征部位（例如部件上的一个孔）的垂直距离。

2. 命令的调用

（1）在命令行中输入：DIMORDINATE。

（2）在下拉菜单中单击："标注"→"坐标"。

（3）在功能面板上单击："常用"→"注释"→"坐标" 。

（4）在功能面板上单击："注释"→"标注"→"坐标" 。

3. 操作指导

命令：_dimordinate

指定点坐标： （选择要标注的点）

指定引线端点或 [X 基准(X)/Y 基准(Y)/多行文字(M)/文字(T)/角度(A)]： （指定引线的端点或执行后面的命令）

标注文字 = 906

4. 参数说明

"X 基准(X)"：输入 X 后回车，系统只标注点的 X 坐标。

"Y 基准(Y)"：输入 Y 后回车，系统只标注点的 Y 坐标。

"多行文字(M)"：输入 M 后回车，系统通过多行文字编辑器来标注内容。

"文字(T)"：通过单行文字来修改标注的内容。

"角度(A)"：确定标注文字的倾斜角度。

注意：坐标标注是以世界坐标体系或用户坐标体系的原点为基点来进行标注的。

5. 操作示例

对图 9-17 标注圆心 A、B、C 三点的坐标。

命令：_dimordinate

指定点坐标：〈正交 开〉 （注意打开正交，并选择 A）

指定引线端点或 [X 基准(X)/Y 基准(Y)/多行文字(M)/文字(T)/角度(A)]：

标注文字 = 119

命令：_dimordinate

指定点坐标： （选择 A）

指定引线端点或 [X 基准(X)/Y 基准(Y)/多行文字(M)/文字(T)/角度(A)]：

标注文字 = 100

......

结果如图 9-18 所示。

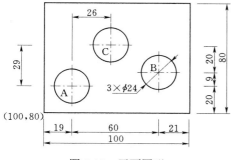

图 9-17 平面图形

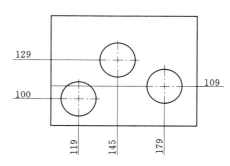

图 9-18 标注坐标

二、弧线标注

（一）弧长标注

1. 功能

用于测量圆弧或多段线弧线段上的距离。

2. 命令的调用

（1）在命令行中用键盘输入：DIMARC。

（2）在下拉菜单中单击："标注"→"弧长"。

（3）在功能面板上单击："常用"→"注释"→"弧长" 。

（4）在功能面板上单击："注释"→"标注"→"弧长" 。

3. 操作指导

（1）命令：_dimarc

选择弧线段或多段线弧线段：　　　　　　　　　　　　　　　　（选择圆弧）

指定弧长标注位置或 [多行文字(M)/文字(T)/角度(A)/部分(P)/引线(L)]：

标注文字 = 30

（2）选择圆弧或多段线弧线段。

（3）指定尺寸线的位置。

4. 参数说明

"指定弧长标注位置"：确定弧长标注的位置。

"多行文字(M)"：输入 M 后回车，系统会弹出如图 9-11 所示的"多行文字编辑器"对话框，用户可在此对话框中输入尺寸数字。

"文字(T)"：输入 T 打回车后，系统会提示输入标注文字。

"角度(A)"：输入 A 打回车后，系统会提示输入标注文字旋转的角度。

"部分(P)"：只标注某段圆弧的一部分弧长。输入 P 打回车后，命令行有如下的提示：

指定弧长标注位置或 [多行文字(M)/文字(T)/角度(A)/部分(P)/引线(L)]：p↙

指定圆弧长度标注的第一个点：　　　（指定从圆弧上的那个点开始标注）

指定圆弧长度标注的第二个点：　　　（指定从圆弧上的那个点结束标注）

"引线(L)"：当标注大于 90 度的圆弧（或弧线段）时确定是否加引线，所加的引线是指向所标注圆弧的圆心的。

注意：在标注弧长时，弧长符号位置的确定是通过如图 9-4 所示的新建标注样式——符号和箭头选项卡上来进行控制的。

5. 操作示例

对图 9-19 所示的两段圆弧标注尺寸。

首先标注 A 段圆弧。

命令：_dimarc

选择弧线段或多段线弧线段： （选择 A 段圆弧）

指定弧长标注位置或[多行文字(M)/文字(T)/角度(A)/部分(P)/引线(L)]:1↙ (加引线)

指定弧长标注位置或 [多行文字(M)/文字(T)/角度(A)/部分(P)/无引线(N)]:

标注文字=81

接着标注 B 段圆弧。

命令：_dimarc

选择弧线段或多段线弧线段： （选择 B 段圆弧）

指定弧长标注位置或 [多行文字(M)/文字(T)/角度(A)/部分(P)/引线(L)]: （没加引线）

标注文字 = 41

结果如图9-20所示。

图9-19 相切圆弧

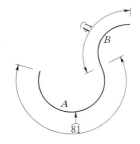

图9-20 加引线与不加引线区别

（二）半径标注

1. 功能

半径标注使可选的中心线或中心标记测量圆弧和圆的半径和直径。

2. 命令的调用

（1）在命令行中输入：DIMRADIUS。

（2）在下拉菜单中单击："标注"→"半径"。

（3）在功能面板上单击："常用"→"注释"→"半径" 。

（4）在功能面板上单击："注释"→"标注"→"半径" 。

3. 操作指导

命令：_dimradius

选择圆弧或圆： （选择要标注的圆弧或圆）

标注文字=12

指定尺寸线位置或 [多行文字(M)/文字(T)/角度(A)]: （指定尺寸线的位置或执后面的命令）

4. 参数说明

"[多行文字(M)/文字(T)/角度(A)]"：M、T、A 的含义与前述内容相同。

注意：根据制图国标规定，小于或等于半圆的圆弧应标注半径尺寸。如图9-21所示。

（三）直径标注

1. 功能

直径标注使可选的中心线或中心标记测量圆弧和圆的半径和直径。

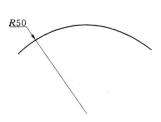

图 9-21　标注圆弧半径

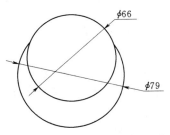

图 9-22　标注直径

2. 命令的调用

（1）在命令行中输入：DIMDIAMETER。

（2）在下拉菜单中单击：“标注”→“直径”。

（3）在功能面板上单击：“常用”→“注释”→“直径”。

（4）在功能面板上单击：“注释”→“标注”→“直径”。

3. 操作指导

命令：_dimdiameter

选择圆弧或圆：　　　　　　　　　　　　　　　　　（选择要标注的圆弧或圆）

　　标注文字 =66

指定尺寸线位置或 [多行文字(M)/文字(T)/角度(A)]：　　　（指定尺寸线的位置或执行后面的命令）

4. 参数说明

“[多行文字(M)/文字(T)/角度(A)]”：M、T、A 的含义与前述内容相同。

注意：根据制图的国标规定，圆或大于半圆的圆弧应标注直径尺寸，如图 9-22 所示。

（四）折弯标注

1. 功能

当圆弧或圆的中心位于布局之外并且无法在其实际位置显示时，用折弯半径标注。在更方便的位置指定标注的原点，做中心位置替代。

2. 命令的调用

（1）在命令行中输入：DIMJOGGED。

（2）在下拉菜单中单击：“标注”→“折弯” 。

（3）在标注工具条上单击：“折弯” 。

3. 操作指导

命令：_dimjogged　　　　　　　　　　　　　　（选择要标注的圆弧或圆）

选择圆弧或圆：

指定图示中心位置：　　　　　　　　　　（选择要标注的圆弧或圆的中心点）

标注文字 = 907.08

指定尺寸线位置或 [多行文字(M)/文字(T)/角度(A)]：

指定折弯位置：　　　　　　　　　　　　　　　（选择折弯位置）

4. 参数说明

"[多行文字(M)/文字(T)/角度(A)]"：M、T、A 的含义与前述内容相同。

（五）圆心标记

1. 功能

创建圆和圆弧的圆心标记或中心线。

2. 命令的调用

（1）在命令行中输入：DIMCENTER。

（2）在下拉菜单中单击："标注" → "圆心标记" ⊕。

（3）在功能面板上单击："注释" → "标注" → "圆心标记" ⊕。

3. 操作指导

命令：_dimcenter

选择圆弧或圆：　　　　　　　　　　　　（选择要标注的圆弧或圆）

注意： 在讲标注样式设置时，我们讲了圆心标记类型有 3 种，它们分别是：无、标记、直线。另外还可以设置圆心标记的大小。实际应用时，要根据具体情况。

三、多重标注

（一）快速标注

1. 功能

从选定的对象快速创建一系列基线或连续标注，或者为一系列圆或圆弧创建标注。创建的线性标注可以是水平、垂直、对齐、旋转、基线或连续（链式）。

2. 命令的调用

（1）在命令行中用键盘输入：QDIM。

（2）在下拉菜单中单击："标注" → "快速标注" ⊠。

（3）在功能面板上单击："注释" → "标注" → "快速标注" ⊠。

3. 操作指导

命令：_qdim

关联标注优先级 = 端点

选择要标注的几何图形：指定对角点：找到 10 个

选择要标注的几何图形：

指定尺寸线位置或

[连续(C)/并列(S)/基线(B)/坐标(O)/半径(R)/直径(D)/基准点(P)/编辑(E)/设置(T)]

<连续>：

4. 参数说明

"选择要标注的几何图形"：把要标注的图形部分或全部选择。

"指定尺寸线位置"：把尺寸线放置在合适的位置上。

"连续（C）"：连续性的标注尺寸即一个尺寸接着一个尺寸，自动对齐。

"并列（S）"：将所标注的尺寸有层次的排列，小的尺寸在里边，大的尺寸在外边。

"基线（B）"：所有的尺寸共用一条起点的尺寸界线。

"坐标（O）"：对所选的图形中的点标注坐标。

"半径（R）"：对所选的图形中的圆弧标注半径。

"直径（D）"：对所选的图形中的圆弧标注直径。

"基准点（P）"：指定标注的基准点。

"编辑（E）"：对标注的尺寸点进行编辑。

"设置（T）"：将尺寸界线原点设置为默认对象捕捉方式。

注意：如果在标注图形时，不需要修改尺寸数字，则可以采用快速标注。

5. 操作示例

将图 9-23 所示的 3 个圆进行快速标注。

命令：_qdim

关联标注优先级 = 端点

选择要标注的几何图形：指定对角点：找到 3

个，总计 3 个

选择要标注的几何图形：

指定尺寸线位置或 [连续(C)/并列(S)/基线
(B)/坐标(O)/半径(R)/直径(D)/基准点(P)/编辑
(E)/设置(T)] <连续>：d↙

指定尺寸线位置或 [连续(C)/并列(S)/基线
(B)/坐标(O)/半径(R)/直径(D)/基准点(P)/编辑
(E)/设置(T)] <直径>：

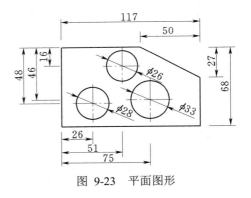

图 9-23　平面图形

（二）基线标注

1. 功能

基线标注是自同一基线处测量的多个标注。在创建基线标注之前，必须创建线性、对齐或角度等的基本标注。也可自当前任务的最近创建的标注中以增量方式创建基线标注。

2. 命令的调用

（1）在命令行中输入：DIMBASELINE。

（2）在下拉菜单中单击："标注"→"基线标注"。

（3）在功能面板上单击："注释"→"标注"→"基线标注" ⊢⟌。

3. 操作指导

命令：_dimbaseline

选择基准标注： （在进行基线标注时，如果先标注了基准尺寸，则就不会出现此命令行。）

指定第二条尺寸界线原点或［放弃(U)/选择(S)］<选择>：

标注文字 ＝ 40

4. 操作示例

如图 9-24 所示，进行基线标注。

首先标注 26 的线性尺寸。

命令：_dimlinear

指定第一条尺寸界线原点或<选择对象>：(选择 A 点)

指定第二条尺寸界线原点： （选择 B 点）

指定尺寸线位置或

［多行文字(M)/文字(T)/角度(A)/水平(H)/垂直(V)/旋转(R)］：

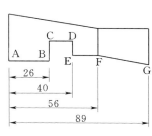

图 9-24 基线标注

标注文字 ＝ 26

再用基线标注其他尺寸。

命令：_dimbaseline

指定第二条尺寸界线原点或［放弃(U)/选择(S)］<选择>： （选择 E 点）

标注文字 ＝ 40

指定第二条尺寸界线原点或［放弃(U)/选择(S)］<选择>： （选择 F 点）

标注文字 ＝ 56

指定第二条尺寸界线原点或［放弃(U)/选择(S)］<选择>： （选择 G 点）

标注文字 ＝ 89

指定第二条尺寸界线原点或［放弃(U)/选择(S)］<选择>：↙

选择基准标注：

（三）连续标注

1. 功能

连续标注是首尾相连的多个标注。在创建连续标注之前，必须创建线性、对齐或角度标注。也可自当前任务的最近创建的标注中以增量方式创建连续标注。

2. 命令的调用

（1）在命令行中输入：DIMCONTINUE。

（2）在下拉菜单中单击："标注"→"连续标注" ⊢⊦⊦。

（3）在功能面板上单击："注释"→"标注"→"连续标注" ⊦⊦⊦⊦。

3. 操作指导

命令：_dimcontinue

选择连续标注：

指定第二条尺寸界线原点或 [放弃(U)/选择(S)] <选择>：

标注文字 = 14

4. 参数说明

"选择连续标注"： 选择一个已经标注好的尺寸为基准尺寸。

"指定第二条尺寸界线原点"：选择第二个尺寸界线的起点。

"放弃(U)"：输入 U 然后回车，退出连续标注。

"选择(S)"：缺省情况下，系统继续选择下一条尺寸线的起点；输入<S>，系统要求选择一个尺寸的尺寸界线作为连续标注的起始线。

5. 操作示例

我们再对图 9-24 进行连续标注。

首先标注 26 的线性尺寸（过程同上，略）。

再用连续标注，标注其他尺寸。

命令：_dimcontinue

指定第二条尺寸界线原点或 [放弃(U)/选择(S)] <选择>：(选择 E 点)

标注文字 = 14

指定第二条尺寸界线原点或 [放弃(U)/选择(S)] <选择>：(选择 F 点)

标注文字 = 16

指定第二条尺寸界线原点或 [放弃(U)/选择(S)] <选择>：(选择 G 点)

标注文字 = 33

指定第二条尺寸界线原点或 [放弃(U)/选择(S)] <选择>：✓

选择连续标注：

结果如图 9-25 所示。

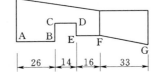

图 9-25　连续标注

四、公差标注

1. 功能

通过为标注文字附加公差的方式，直接将公差应用到标注中。标注的公差是指示标注的最大和最小允许尺寸。还可以应用形位公差，用于指示形状、轮廓、方向、位置以及跳动的极限偏差。

2. 命令的调用

（1）在命令行中输入：TOLERANCE。

（2）在下拉菜单中单击："标注" → "公差" 。

（3）在功能面板上单击："注释" → "标注" → "公差" 。

3. 操作指导

输入 TOLERANCE 回车后，系统会弹出如图 9-26 所示的"形位公差"对话框。

4. 参数说明

在该对话框中，可以通过"符号"、"公差"、"基准"等下面的黑框或文本框来设置形位公差。

五、其他标注

AutoCAD 2009 还提供了等距标注、折断标注、折弯线性标注和引线标注，其标注要领这里不再详述。标注形式如图9-27所示。

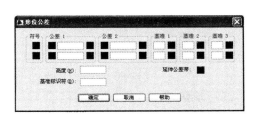

图 9-26　形位公差

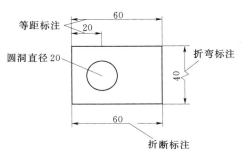

图 9-27　其他标注

第三节　尺寸标注编辑

标注完成后的图纸，常常需要局部的修改，使得尺寸标注更加合理与美观。AutoCAD 2009 提供了以下几种编辑尺寸标注的方法。

一、编辑标注

1. 功能

编辑标注尺寸数字和尺寸界线。创建标注后，可以修改现有标注文字的方向或者创建新文字。

2. 命令的调用

（1）在命令行中输入：DIMEDIT。

（2）在标注工具条上，单击　。

3. 操作指导

命令：_dimedit

输入标注编辑类型 [默认(H)/新建(N)/旋转(R)/倾斜(O)] <默认>：↙

选择对象：找到 1 个

选择对象：↙

4. 参数说明

"默认（H）"：执行该项命令时，系统将所选择的标注回撤到未编辑前的状态。

"新建（N）"：输入 N 回车后，系统弹出多行文字编辑器对话框来修改所选择标注的文字。

"旋转（R）"：将所选择标注的文字旋转指定的角度。

"倾斜(O)"：将所选择标注的尺寸界线倾斜一定的角度。轴测图的尺寸标注中经常用到。

二、编辑标注文字

1. 功能

移动和旋转标注文字并重新定位尺寸线。创建标注后，可以修改现有标注文字的位置或者方向。

2. 命令的调用

（1）在命令行中用键盘输入：DIMTEDIT。

（2）在标注工具条上，点击　。

3. 操作指导

命令：_dimtedit

选择标注：　　　　　　　　　　　　　　　　　　（选择要修改的标注）

指定标注文字的新位置或 [左(L)/右(R)/中心(C)/默认(H)/角度(A)]：

4. 参数说明

"指定标注文字的新位置"：指定标注文字的新位置。

"左（L）"：将标注文字向尺寸线的左边移动。

"右（R）"：将标注文字向尺寸线的右边移动。

"中心（C）"：将标注文字向尺寸线的中间移动。

"默认（H）"：将所选择的标注文字回撤到未编辑前的状态。

"角度（A）"：将标注文字旋转指定的角度。

三、标注更新

1. 功能

创建和修改标注样式，达到更改设置控制标注的外观。

2. 命令的调用

（1）在命令行中输入：DIMSTYLE。

（2）在标注工具条上，单击　。

3. 操作指导

令：_-dimstyle

当前标注样式：ISO-25　注释性：否

输入标注样式选项

[注释性(AN)/保存(S)/恢复(R)/状态(ST)/变量(V)/应用(A)/?] <恢复>：_apply

选择对象：找到 1 个

选择对象

4. 参数说明

"注释性（AN）"：选择标注对象是否具有注释性。

"保存（S）"：将新的标注样式的当前设置进行保存。

"恢复（R）"：将选定的标注恢复为选定标。

"状态(ST)"：显示标注样式的设置参数的当前值。

"变量(V)"：列出标注样式的参数变量值，但不能修改次变量值。

"应用(A)"：将新的标注样式应用到选定的标注对象中。

"?"：列出标注样式。

课 后 练 习

1．用 1∶1 的比例绘制图 9-28 所示的平面图形，并进行尺寸标注。

2．用 1∶5 的比例绘制图 9-29 所示的平面图形，并进行标注尺寸。

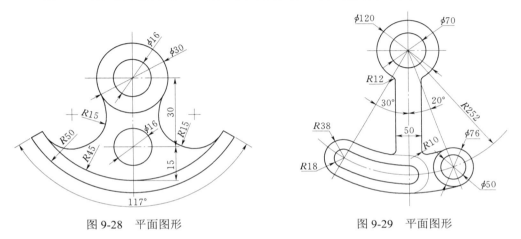

图 9-28　平面图形　　　　　　　　　　　图 9-29　平面图形

3．已知物体的轴测图，完成图 9-30 所示组合体的三视图（补漏线），并进行尺寸标注。

4．已知物体的轴测图，完成图 9-31 所示组合体的三视图（补漏线），并进行尺寸标注。

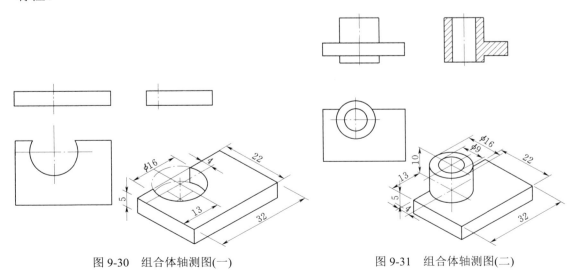

图 9-30　组合体轴测图(一)　　　　　　　图 9-31　组合体轴测图(二)

5. 绘制图 9-32 所示图形，进行基本线性标注、对齐标注和角度标注，并进行快速基线标注、快速连续标注和快速半径标注。

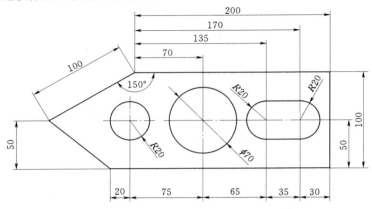

图 9-32　尺寸标注

6. 用 1∶10 的比例将下面三视图绘制在 A4（297mm×210mm）图幅内，并要求标注尺寸以及填写标题栏内容，如图 9-33 所示。

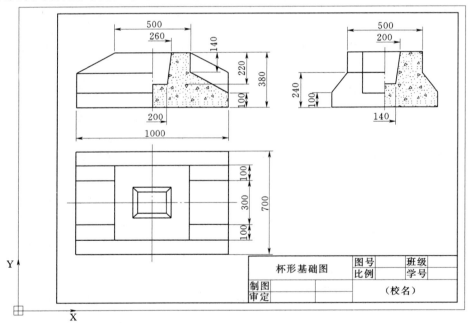

图 9-33　半剖视图尺寸标注

第十章 图 块

第一节 图块的创建与插入

一、创建图块

把重复使用的图形元素作为一个整体保存起来,这就是图块。

创建图块的方法有两种:一种是创建图块(BLOCK),一种是创建并保存图块(WBLOCK)。

(一)创建图块(BLOCK)

1. 功能

把若干个图形元素作为一个整体保存起来,在用到时再插入到图形中去。

2. 命令的调用

(1)在命令行中输入 BLOCK,然后按 Enter 键。

(2)在下拉菜单中单击:"绘图"→"块"→"创建"。

(3)在"绘图"工具条上单击"创建块"按钮: 。

3. 操作指导

执行 BLOCK 命令后,系统会弹出如图 10-1 所示的"块定义"对话框。

在该对话框中,将常用的选项含义介绍如下:

(1)"名称":输入新创建块的名称。

(2)"基点":当我们点击"拾取点"按钮时,系统会回到操作屏幕上,提示让我们选择插入的点,完成后,系统又回到对话框中,在X、Y、Z 的空白框内显示插入点的坐标。

(3)"对象":包括选择对象、保留、转化为块、删除等选项。

图 10-1 "块定义"对话框

"选择对象":单击此按钮后,系统会回到操作屏幕上,提示让我们选择将转化为块的图形元素,完毕后回车,系统又回到对话框中。

"保留":将转化为块的图形保留在原图形中。

"转化为块"：将选择的图形转化为块。

"删除"：将转化为块的图形从原图形中删去。

（4）"设置"：选择图块插入的单位。

（5）"方式"：包括"注释性"、"按统一比例缩放"、"允许分解"。

"注释性"：按注释性进行插入。

"按统一比例缩放"：通过点选来确定在插入图块时是否按统一比例缩放。

"允许分解"：指定插入图块时是否分解。

（6）"说明"：与块有关系的说明。

注意：用这种方式形成的图块只能在当前图形文件中使用，而在其他文件中是不能使用的。

4. 操作示例

将图 10-2 所示图形创建成块，过程如下：

（1）执行 BLOCK 命令，系统弹出"块定义"对话框。

（2）在块定义对话框中，"名称"栏输入"轴线编号"，然后点击"拾取点"按钮，在屏幕上选择 A 点。

（3）单击"选择对象"按钮，来全部选择图形。

（4）插入的单位定义为"毫米"。

（5）单击"确定"按钮，完成定义，如图 10-3 所示。

图 10-2　轴线编号　　　　　　　　　　　图 10-3　"块定义"对话框

（二）写图块（WBLOCK）

1. 功能

把若干个图形元素创建成一个图块，然后以图形文件的形式保存起来。

2. 命令的调用

在命令行中输入 WBLOCK，然后按 Enter 键。

3. 操作指导

执行 WBLOCK 命令后，系统会弹出如图 10-4 所示的"写块"对话框。

图 10-4　"写块"对话框

图 10-5　轴线编号写图块

在该对话框中：

（1）"源"部分包括三个选项：块、整个图形、对象。

"块"：当文件中已经定义有图块时，该项亮显，用户可以通过下拉列表来选择图块。

"整个图形"：把整个图形作为一个图块来定义。

"对象"：把图形中的某一部分定义为一个图块。

（2）"基点"和"对象"部分的选项含义与"块定义"中相同。

（3）"目标"部分包括文件名、位置、插入单位。

"文件名"：输入新定义块的名称（包含文件路径）。

"位置"：新定义的图块保存的位置。可以通过其后的按钮选择保存路径。

"插入单位"：插入新定义图块时的单位。

注意：用这种方式形成的图块以文件名的形式保存在某个文件夹中，可以在其他图形文件中使用。

4. 操作示例

用 WBLOCK 命令把图 10-2 所示图形定义成块。

操作步骤：

（1）执行 WBLOCK 的命令，系统弹出"写块"对话框。

（2）在该对话框中，首先选择"对象"，然后点击"拾取点"按钮，在图形中选择一点作为图块插入时的插入点。

（3）单击"选择对象"按钮，把图形全部选择，然后再选择"保留"。

（4）在"文件名"中输入"轴线编号"；保存在 D 盘上的我的文档件夹中；插入"单位"选择"毫米"。

（5）最后单击"确定"按钮，如图 10-5 所示。

二、 插入块

创建后的图块在插入到图形中时，可以改变图块的比例、旋转角度、插入位置等。

（一）利用 INSERT 插入块

1. 功能

指定要插入的块和定义插入块的位置。

2. 命令的调用

（1）在命令行中输入：INSERT，然后按 Enter 键。

（2）在下拉菜单中单击："插入"→"块"。

（3）在"绘图"工具条上单击"插入块"按钮： 。

（4）"块和参照"→"块"→"插入点"按钮： 。

3. 操作指导

执行 INSERT 命令后，系统会弹出如图 10-6 所示的"插入"对话框。

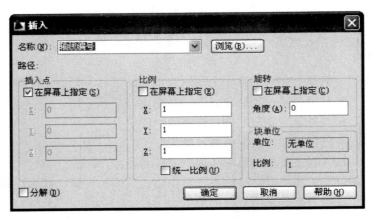

图 10-6   "插入"对话框

在"插入"对话框中，各项含义如下：

"名称"：通过下拉列表或"浏览"按钮来选择所要插入的图块名。

"插入点"部分：

（1）"在屏幕上指定"：如果选择该项，则"X、Y、Z"均不亮显。系统回到屏幕中，让用户在屏幕上选择插入的点。并在命令行出现以下的命令过程：

指定插入点或 [基点（B）/比例（S）/X/Y/Z/旋转（R）/预览比例（PS）/PX/PY/PZ/预览旋转（PR）]：

如果不选择 "在屏幕上指定"，则"X、Y、Z"均亮显。用户可以通过输入 X、Y、Z 的坐标来确定插入点。

（2）"比例"部分有 3 个选项：

1）"屏幕上指定"：选择该项后，其他的四项均不亮显。要求用户在命令行中输入缩放的比例。

2) 如果不选择"在屏幕上指定"，则"X、Y、Z"均亮显。用户可以通过输入在 X、Y、Z 方向上的比例来确定插入图块的大小。

3)"统一比例"：选择该项后，系统要求 X、Y、Z 方向上的比例使用相同的值。

（3）"旋转"部分有两个选项：一个是"在屏幕上指定"；一个是"角度"。用户可以通过这两种方法来确定插入图块旋转的角度。

（4）"块单位"：显示块单位和比例。

（5）"分解"：在图形中插入的图块为一个整体，选择该项后，图块就会被分解成若干个元素。相当于"分解"命令。

注意：在输入"X、Y、Z"方向上的缩放比例时，当 X 为负值，则插入的图块将沿着 Y 轴进行镜像；当 Y 为负值，则插入的图块将沿着 X 轴进行镜像。另外我们在用该对话框插入图块时，插入的点一般是在屏幕上指定的，其他的选项可以直接在命令行中输入完成。

4. 操作示例

例如把上节定义好的轴线编号的图块插入到一个新文件中。

操作过程：

首先执行 INSERT 命令，系统弹出"插入"对话框，在该对话框中，通过"浏览"按钮来选择"轴线编号"的图块，然后再选择"插入点"中的在"在屏幕上指定"的复选框。其他的设置如图 10-7 所示，最后单击"确定"按钮，系统回到屏幕中。

图 10-7　"插入"对话框

（二）以矩形阵列的形式插入图块

1. 功能

在矩形阵列中插入一个块的多个引用。

2. 命令的调用

在命令行中用键盘输入：MINSERT。

3. 操作指导

命令：minsert↙

输入块名或［?］＜轴线编号＞:窗户✓

单位:毫米   转换: 1.0000

指定插入点或［基点（B）/比例（S）/X/Y/Z/旋转（R）］:

输入 X 比例因子，指定对角点，或［角点（C）/XYZ（XYZ）］＜1＞:✓

输入 Y 比例因子或＜使用 X 比例因子＞:✓

指定旋转角度＜0＞:✓

输入行数（---）＜1＞: 3✓

输入列数（|||）＜1＞: 2✓

输入行间距或指定单位单元（---）: 30✓

指定列间距（|||）: 36✓

4. 参数说明

"输入块名或［?］":输入已经创建好的图块名或输入"?"来查询图块。

"指定插入点":在屏幕上指定插入图块的基点。

"比例（S）":指定插入图块时图形在 XYZ 轴上统一的比例因子。

"X":指定插入图块时图形在 X 轴上的比例因子。

"Y":指定插入图块时图形在 Y 轴上的比例因子。

"Z":指定插入图块时图形在 Z 轴上的比例因子

"旋转（R）":指定插入图块时图形旋转的角度。

"输入行数（---）＜1＞":指定矩形阵列的行数。

"输入列数（|||）＜1＞":指定矩形阵列的列数。

"输入行间距或指定单位单元（---）":指定矩形阵列的行间距。

"指定列间距（|||）":指定矩形阵列的列间距。

注意:在用 MINSERT 插入图块时，所插入的图块不能被分解。

5. 操作示例

（1）绘制一个推拉窗，如图 10-8 所示。

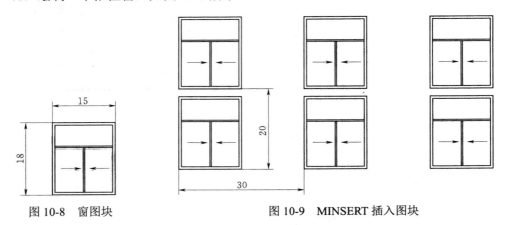

图 10-8 窗图块   图 10-9 MINSERT 插入图块

（2）将图 10-8 所示图形创建成块。

（3）执行 MINSERT 命令，阵列插入图块。过程如下:

命令: minsert↙

输入块名或 [?] <窗户>:↙

单位: 毫米　转换:　1.0000

指定插入点或 [基点(B)/比例(S)/X/Y/Z/旋转(R)]:

输入 X 比例因子,指定对角点,或 [角点(C)/XYZ(XYZ)] <1>:↙

输入 Y 比例因子或 <使用 X 比例因子>:↙

指定旋转角度 <0>:↙

输入行数 (---) <1>: 2↙

输入列数 (|||) <1>: 3↙

输入行间距或指定单位单元 (---): 20↙

指定列间距 (|||): 30↙

结果如图 10-9 所示。

注意:在使用等数或等距"点"操作时,命令行提示你输入图块。如果你输入相应图块名,则会按等数或等距插入图块。

第二节　创 建 与 编 辑 块 属 性

一、创建块属性

创建图块时,在图块上附属一些文字说明以及其他信息,以便我们在插入图块时,连同图块和属性一起插入到图形中。附属到图块上的文字说明以及其他信息称为块属性。

1. 功能

给图块赋予文字信息。

2. 命令的调用

(1)在命令行中输入:ATTDEF,然后按 Enter 键。

(2)在下拉菜单中单击:"绘图"→"块"→"定义属性" ◆ 定义属性(D)... 。

(3)依次单击:"常用"选项卡→"块"面板→"定义属性" 🏷 。

3. 操作指导

执行 ATTDEF 命令后,系统会弹出如图 10-10 所示的"属性定义"对话框。

在"属性定义"对话框中,有 6 个部分选项,各选项的含义如下:

"模式":可以通过不可见、固定、验证、预设、锁定位置、多行 6 个可选的模式选项来选择图块的模式。

"属性":有标记、提示、默认这 3 个属性输入框,通过输入一些数据来确定图块的属性。

"插入点"部分:"在屏幕上指定",如果选择该项,则"X、Y、Z"均不亮显,系统回到屏幕中,让用户在屏幕上选择插入的点;如果不选择 "在屏幕上指定",则"X、Y、Z"均亮显,用户可以通过输入 X、Y、Z 的坐标来确定插入点。

"文字设置"：通过对正、文字样式、文字高度、旋转等选项的选择，来设置定义属性文字的特征。

图 10-10　"属性定义"对话框　　　　　图 10-11　高程属性定义

注意：图块的属性是图块固有的特性，常用在形状相同而性质不同的图形中，如标高、标题栏、轴线编号等。

4. 操作示例

给高程符号赋予属性，并写成块，插入到图形中。

（1）绘制高程符号。

（2）给高程符号赋予属性。

1）执行 ATTDER 的命令，弹出"属性定义"对话框。在该对话框中在"标记"栏后输入"高程"；在"提示"栏后输入"请输入高程值"；在"默认"栏后输入%%p0.000（±0.000）。

2）在"对齐"栏后输入"左对齐"，在"高度"栏后输入"3.5"，其他默认。过程如图 10-11 所示。

3）单击"确定"按钮，在屏幕上放置文字的位置。结果如图 10-12 所示。

（3）将图 10-12 生成图块。

1）执行"BLOCK"命令，系统弹出"块定义"对话框。

2）在该对话框中，"名称"框后输入"高程符号"；点击"拾取点"按钮，在屏幕上选择高程符号的下角点。

3）单击"选择对象"按钮，全部选择图 10-12。过程如图 10-13 所示。

图 10-12　带属性高程图块　　4）全部选择图 10-12 后，系统弹出如图 10-14 所示的"编辑属性"对话框，在"请输入高程值"栏后输入一个标准值，也可不输入任何值。

5）单击"确定"按钮完成操作过程。

（4）在图形中插入高程符号。

1）执行 INSERT 命令，弹出"插入"对话框。

2）在该对话框中，"名称"栏后选择"高程符号"；"插入点"选择"在屏幕上指定"；"缩放比例"选择"统一比例"；"旋转角度"为 0，如图 10-15 所示。

图 10-13　定义带属性高程图块

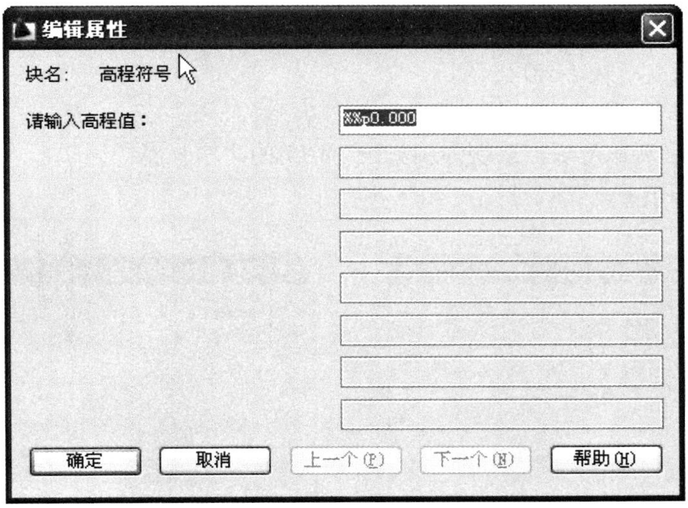

图 10-14　"编辑属性"对话框

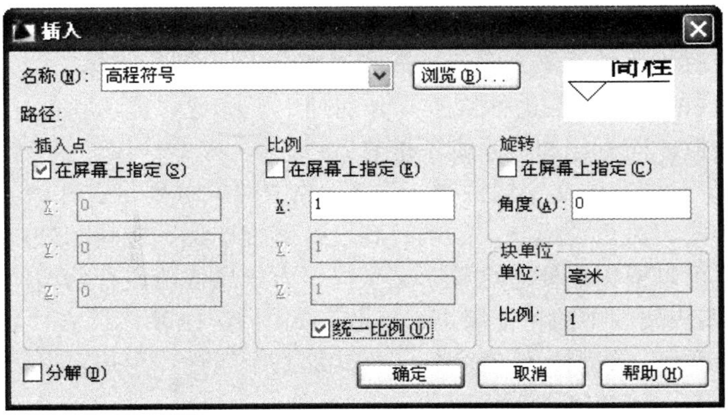

图 10-15　插入高程符号

3）单击"确定"按钮，系统在命令行提示"请输入高程值"。直接按 Enter 键，默认为±0.000；我们输入"36.000"，结果如图 10-16 所示。

± 0.000　　　36.000

图 10-16　高程符号

二、编辑块属性

应用到图形中的图块有时需要对它的属性进行修改编辑。

（一）用 DDEDIT 进行编辑

1. 功能

编辑带有属性图块的属性信息。

2. 命令的调用

（1）在命令行中输入 DDEDIT，然后按 Enter 键。

（2）在下拉菜单中单击："修改"→"对象"→"文字"→"编辑"。

3. 操作指导

命令: ddedit↙

选择注释对象或 [放弃(U)]:

参数说明：

在"选择注释对象"后，系统弹出如图 10-17 的"增强属性编辑器"对话框，在该对话框中各项的含义如下：

图 10-17　"增强属性编辑器"对话框

图 10-18　文字选项

在此对话框中有"属性"、"文字选项"和"特性"三个选项区。

"属性"：图块的变量属性进行修改。分别列出了标记、提示和值这几个属性，能修改的是图块的属性值，而标记和提示则不能修改。

"文字选项"：对图块的文字属性进行修改，如图 10-18 所示。在"文字选项"卡中，分别列出了文字样式、对正、反向、颠倒、高度、宽度比例、旋转和倾斜角度这几个图块中文字属性，用户可以根据需要对这几个文字显示方式属性值进行修改。

"特性"：对图块属性中的特征属进行修改，如图 10-19 所示。在"特性"选项卡中，分别列出了图层、颜色、线型、线宽和打印样式这几个属性，用户可以根据需要对属性所在图层、颜色、线型、线宽等进行修改。

"值"：修改命令行中的属性值。

（二）用 ATTEDIT 进行编辑

1. 功能

对指定块相关联的单个、非常数属性值编辑。

2. 操作指导

在命令行中用键盘输入： ATTEDIT。

执行 ATTEDIT 命令后，系统要求选择要编辑的块，选择后弹出图 10-14 所示的"属性编辑"对话框，用户可在该对话框中编辑块的属性内容。

图 10-19 特性

图 10-20 "编辑属性"对话框

3. 操作示例

将图 10-16 中高程 36.000 改为 39.000。

（1）命令行输入 ATTEDIT，然后按 Enter 键。

（2）选择图 10-14 所示的图形。

（3）在弹出图 10-20 所示的图形"属性编辑"对话框中，将"请输入高程"栏后的"36.000"改为"39.000"。

（4）单击"确定"按钮，结果如图 10-20 所示。

（三）用 EATTEDIT 进行编辑

1. 功能

对图块相应属性进行修改。

2. 命令的调用

（1）在命令行中用键盘输入：EATTEDIT。

（2）在下拉菜单中单击："修改"→"对象"→"属性"→"单个"。

（3）在"修改Ⅱ"工具条上单击"编辑属性"按钮：

3. 操作指导

命令: _eattedit↙

选择块：

在"选择块"后，系统弹出 "增强属性编辑器"对话框，相应内容同前。

注意：在用 EATTEDIT 进行编辑图块时，只能对单个图块进行修改，并且只可以更改属性特性和属性值。

（四）用 BATTMAN 进行编辑

1. 功能

在复杂的图形中，有时采用的图块数量比较多，我们可以用 BATTMAN 命令来对图块进行统一的管理。

2. 命令的调用

（1）在命令行中输入：　BATTMAN。

（2）在下拉菜单中单击："修改"→"对象"→"属性"→"块属性管理器"。

（3）在"修改Ⅱ"工具条上单击"块属性管理器"按钮：

3. 操作指导

执行 BATTMAN 命令后，系统会弹出如图 10-21 所示的"块属性管理器"对话框。

图 10-21　块属性管理器　　　　　　图 10-22　编辑属性

在"块属性管理器"对话框中：

"选择块"：点击该按钮后，系统又回到屏幕上，要求用户选择一个图块。

"块"：通过下拉列表选择要编辑块的名称。

"标记、提示、默认、模式"：所选择块的属性列表。

"同步"：更新图形中同一种类型的全部图块，但此操作不会改变每个块中的属性值。

"上移"：将选定的属性值在列表中向上移动一行。

"下移"：将选定的属性值在列表中向下移动一行。

"删除"：将选定的属性值在列表中删除。

"编辑"：将选定的属性值进行编辑修改，如图 10-22 所示。

"设置"：可以控制"块属性管理器"中属性值的列出方式和数目，如图 10-23 所示。

"应用"：将所作的修改应用到图形中，但不退出该对话框。

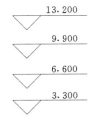

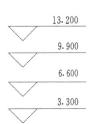

图 10-23　块属性设置　　　　　图 10-24　一组高程　　　图 10-25　同步修改高程

4. 操作示例

将图 10-24 所示图形的一组高程图块，文字高度改为 3，文字的宽度因子改为 0.7，图层改为"尺寸标注"（绿色）。

步骤如下：

（1）在命令行输入 BATTMAN，然后按 Enter 键。

（2）弹出图 10-21 后，单击"选择块"按钮，选择图 10-24 中任意的一个高程符号。

（3）单击"块属性管理器"对话框中的"编辑"按钮，在图 10-22 所示的"文字选项"中将文字高度改为 3.5，宽度因子改为 0.7，"特性"选项中将图层选为"尺寸标注"。然后单击"确定"按钮。

（4）在"块属性管理器"对话框中，单击"同步"按钮。

（5）单击"确定"按钮。结果如图 10-25 所示。

第三节　块编辑器与动态块

块编辑器是专门用于创建块定义并添加动态行为的编写区域。通过块编辑器可以快速访问块编写工具。

动态块与块定义相比具有灵活性和智能性。通过自定义夹点或自定义特性来操作，可以根据需要在位调整块参照，而不用搜索另一个块以插入或重定义现有的块。在操作时可以轻松地更改图形中的动态块参照。

如图 10-26 所示，如果在图形中插入一个门块参照，则在编辑图形时可能需要更改门的大小。如果该块是动态的，并且定义为可调整大小，那么只需拖动自定义夹点或在"特性"选项板中指定不同的尺寸就可以修改门的大小。还可以按需要修改门的开角。该门块还可能会包含对齐夹点，使用对齐夹点可以轻松地将门块参照与图形中的其他几何图形对齐。

一、块编辑器

（一）打开块编辑器

打开块编辑器，可以使用块编辑器上下文选项卡或块编辑器编辑动态行为，也可以将动态行为添加到当前图形中现有的块定义，也可以使用块编辑器创建新的块定义。

1. 打开块编辑器

（1）依次"单击工具"（T）→"块编辑器"（B）。或在命令提示下，输入 bedit，如图 10-27 所示。

（2）在"编辑块定义"对话框中执行以下操作之一：

1）从列表中选择一个块定义。

2）如果想打开的块定义为当前图形，请选择"<当前图形>"。

3）单击"确定"按钮。

或快捷菜单：在选定的块上单击鼠标右键，单击"块编辑器"。

2. 在块编辑器中创建新的块定义

（1）单击"工具"（T）→"块编辑器"（B）。 或在命令提示下，输入 bedit。

（2）在"编辑块定义"对话框中输入新的块定义的名称，单击"确定"。

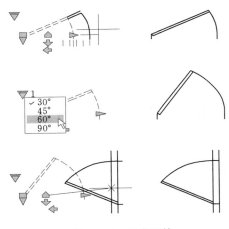

图 10-26　门参照块

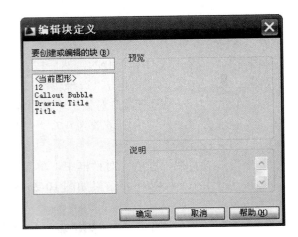

图 10-27　编辑块定义

（3）单击"块编辑器"选项卡→"管理"面板→"保存块" 保存 。或在命令提示下，输入 bsave。

注意： 此操作将保存块定义，即使用户未在块编辑器的绘图区域中添加任何对象。

3. 将工具选项板上的块在块编辑器中打开的步骤

（1）如果尚未打开"工具选项板"窗口，单击"视图"选项卡→"选项板"面板→ "工具选项板" 选项板 ，或"工具"下拉菜单→"选项板"面板→"工具选项板"。

（2）在某个块图标上单击鼠标右键。

（3）单击"块编辑器"按钮。

注意： 工具选项板上的块可位于其他图形中。包含块定义的图形将在块编辑器中打开。

4. 将"设计中心"窗口中的块在块编辑器中打开的步骤

（1）单击"视图"选项卡→"选项板"面板→"设计中心" 。或"工具"下拉菜单→"选项板"面板→"设计中心"。

（2）在某个块图标上单击鼠标右键。

（3）单击"块编辑器"按键。

5. 在块编辑器中打开保存为块（非动态）的图形文件

（1）单击菜单浏览器，然后单击"文件" → "打开"。

（2）打开保存为块的图形文件。

（3）单击"工具"（T）→"块编辑器"（B）。或在命令提示下，输入 bedit。

（4）在"编辑块定义"对话框中，选择"<当前图形>"。单击"确定"按钮。

6. 在块编辑器中打开保存为动态块的图形文件

（1）单击菜单浏览器，然后依次单击"文件"→"打开"。

（2）打开保存为动态块的图形文件。

将显示一条警告，说明图形文件中包含编写元素。

（3）在警告对话框中，单击"是"按钮，在块编辑器中打开该图形。

（二）块编辑器中的绘图区域

块编辑器包含一个绘图区域。在该区域中，用户可以像在程序的主绘图区域中一样绘制和编辑几何图形。

当功能区处于活动状态时，在绘图区域上方将显示一个专用的功能区上下文选项卡（图10-28）。当功能区未处于活动状态时，将显示一个专用工具栏（图10-29）。

图 10-28　选项卡

图 10-29　工具条

可以在块编辑器上下文选项卡或块编辑器中选择任意参数、夹点、动作或几何对象，以在"特性"选项板中查看其特性。在块编辑器中选定对象后，"特性"选项板中显示的坐标值将反映块定义空间。

使用块编辑器上下文选项卡或块编辑器时，应显示命令行。命令行几乎提示创建动态块的所有方面。

（三）块编辑器中的 UCS

块编辑器的绘图区域中会显示出一个 UCS 图标。UCS 图标的原点定义了块的基点。用户可以通过相对 UCS 图标原点移动几何图形或通过添加基点参数来更改块的基点。

在块编辑器中 UCS 命令被禁用。用户可以在块编辑器中打开一个现有的三维块定义，并将参数指定给该块。但是，这些参数将会忽略块空间中的所有 Z 坐标值。因此，无法沿 Z 轴编辑块参照。另外，尽管用户可以创建包含实体对象的动态块，并可以向其中添加移动、旋转和缩放等动作，但无法在动态块参照中执行实体编辑功能（例如拉伸实体、在实体内移动孔等）。

（四）在块编辑器中查看块定义特性

（1）依次单击"工具"（T）→"块编辑器"（B）。 或在命令提示下，输入 bedit。

（2）在"编辑块定义"对话框中执行以下操作之一：

1）从列表中选择一个块定义。

2）如果想打开的块定义为当前图形，请选择"<当前图形>"。

3）单击"确定"。

（3）依次单击"视图"选项卡→"选项板"面板→"特性"　。

（4）在"特性"选项板窗口中的"块"下，查看块定义的特性。

或快捷菜单：在选定的对象上单击鼠标右键，单击"特性"。

（五）关闭块编辑器的步骤

依次单击"块编辑器"选项卡→"关闭"面板→"关闭块编辑器"。

（六）块编辑器中的块编写选项板

块编辑器包含一个具有以下 3 个选项卡的块编写选项板："参数集"、"动作"、 "参数"。

"块编写选项板"窗口只能显示在块编辑器中。使用这些选项板向动态块定义添加参数和动作。

1．在块编辑器中显示或隐藏块编写选项板

（1）依次单击"工具"（T）→"块编辑器"（B）。 或在命令提示下，输入 bedit。

（2）在"块编辑器定义"对话框的"要创建或编辑的块"下，从列表中选择一个名称，然后单击"确定"。

（3）依次单击"块编辑器"选项卡→"工具"面板→"块编写选项板"　。

2．复制参数集

（1）依次单击"工具"（T）→"块编辑器"（B）。或在命令提示下，输入 bedit。

（2）在"块编辑器定义"对话框的"要创建或编辑的块"下，从列表中选择一个名称，然后单击"确定"。

（3）依次单击"块编辑器"选项卡→"工具"面板→"编写选项板"。

（4）在"块编写选项板"窗口的"参数集"选项卡中，在参数集上单击鼠标右键。单击"复制"。

（5）在希望将该参数集添加到其中的选项板

3．向参数集中添加动作

（1）依次单击"工具"（T）→"块编辑器"（B）。或在命令提示下，输入 bedit。

（2）在"块编辑器定义"对话框的"要创建或编辑的块"下，从列表中选择一个名称，然后单击"确定"。

（3）依次单击"块编辑器"选项卡→"管理"面板→"编写选项板"。

（4）在"块编写选项板"窗口的"参数集"选项卡中，在参数集上单击鼠标右键。单击"特性"。

（5）在"工具特性"对话框中，单击"参数"下的"动作"，然后单击"…"按钮。

（6）在"添加动作"对话框中，从"要添加的动作对象"列表中选择一个动作。

（7）单击"添加"。

（8）重复第 3 步和第 4 步以添加其他动作（可选）。

（9）单击"确定"。

（10）在"工具特性"对话框中，单击"确定"。

4. 从参数或参数集中删除动作

（1）依次单击"工具"（T）→"块编辑器"（B）。或在命令提示下，输入 bedit。

（2）在"块编辑器定义"对话框的"要创建或编辑的块"下，从列表中选择一个名称，然后单击"确定"。

（3）依次单击"块编辑器"选项卡→"管理"面板→"编写选项板"。

（4）在"块编写选项板"窗口的"参数集"选项卡中，在参数集上单击鼠标右键。单击"特性"。

（5）在"工具特性"对话框中，单击"参数"下的"动作"，然后单击"…"按钮。

（6）在"添加动作"对话框中，从"动作对象列表"中选择一个动作。

（7）单击"删除"。

（8）重复第 3 步和第 4 步以删除其他动作（可选）。

（9）单击"确定"。

（10）在"工具特性"对话框中，单击"确定"。

二、 动态块

（一）创建动态块的思路

为了创建高质量的动态块，以便达到预期效果，建议按照下列过程进行操作。此过程有助于高效编写动态块。

1. 在创建动态块之前规划动态块的内容

在创建动态块之前，应当了解其外观以及在图形中的使用方式，确定当操作动态块参照时，块中的哪些对象会更改或移动。另外，还要确定这些对象将如何更改。例如，可以创建一个可调整大小的动态块。

2. 绘制几何图形

可以在绘图区域、块编辑器上下文选项卡或块编辑器中为动态块绘制几何图形。也可以使用图形中的现有几何图形或现有的块定义。

3. 了解块元素如何共同作用

在向块定义中添加参数和动作之前，应了解它们相互之间以及它们与块中的几何图形的相关性。在向块定义添加动作时，需要将动作与参数以及几何图形的选择集相关联。

例如，要创建一个包含若干对象的动态块。其中一些对象关联了拉伸动作。同时还希望所有对象围绕同一基点旋转。在这种情况下，应当在添加其他所有参数和动作之后添加旋转动作。如果旋转动作并非与块定义中的其他所有对象（几何图形、参数和动作）相关联，那么块参照的某些部分可能不会旋转，或者操作该块参照时可能会造成意外结果。

4. 添加参数

按照命令提示上的提示向动态块定义中添加适当的参数。注意使用块编写选项板的"参数集"选项卡可以同时添加参数和关联动作。

5. 添加动作

向动态块定义中添加适当的动作。按照命令提示上的提示进行操作，确保将动作与正确的参数和几何图形相关联。

6. 定义动态块参照的操作方式

可以指定在图形中操作动态块参照的方式。可以通过自定义夹点和自定义特性来操作动态块参照。在创建动态块定义时，用户将定义显示哪些夹点以及如何通过这些夹点来编辑动态块参照。另外还指定了是否在"特性"选项板中显示出块的自定义特性，以及是否可以通过该选项板或自定义夹点来更改这些特性。

（二）创建动态块

（1）依次单击"工具"（T）→"块编辑器"（B）。或在命令提示下，输入 bedit。

（2）在"编辑块定义"对话框中执行以下操作之一：

1）从列表中选择一个块定义。

2）如果希望将当前图形保存为动态块，请选择"<当前图形>"。

3）在"要创建或编辑的块"下输入新的块定义的名称。

（3）单击"确定"。

（4）在块编辑器中根据需要添加或编辑几何图形。

（5）执行以下操作之一：

1）按照命令提示，从"块编写选项板"的"参数集"选项卡中添加一个或多个参数集。双击黄色警示图标，然后按照命令提示将动作与几何图形的选择集关联。

2）按照命令提示，从"块编写选项板"的"参数"选项卡中添加一个或多个参数。按照命令提示，从"动作"选项卡中添加一个或多个动作。

（6）依次单击"块编辑器"选项卡→"打开/保存"面板→"保存块"。或在命令提示下，输入 bsave。

（7）单击"关闭块编辑器"。

通过在块编辑器中向块添加参数和动作，可以向新的或现有的块定义添加动态行为。

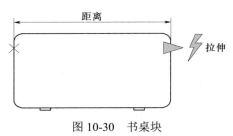

图 10-30   书桌块

如图 10-30 所示，块编辑器内显示了一个书桌块。该块包含一个标有"距离"的线性参数，其显示方式与标注类似，还包含一个拉伸动作，该动作显示有一个闪电和一个"拉伸"标签。

要使块成为动态块，必须至少添加一个参数。然后添加一个动作并将该动作与参数相关联。添加到块定义中的参数和动作类型定义了块参照在图形中的作用方式。参数和动作仅显示在块编辑器中。将动态块参照插入到图形中时，将不会显示动态块定义中包含的参数和动作。

（三）动态块示例

下面以定义轴线编号动态块为例，实现该动态块能够在建筑轴线网中的上、下、左、右均能正确标注轴线编号。

操作步骤：

（1）依次单击"工具"（T）→"块编辑器"（B）。或在命令提示下，输入 bedit。

（2）在"编辑块定义"对话框中，"要创建或编辑的块"下输入"轴线编号"，如图10-31 所示。单击"确定"。

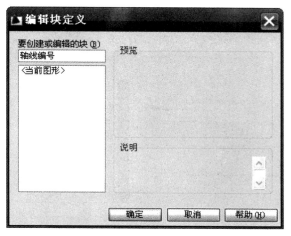

图 10-31　创建轴线编号块

（3）在绘图区绘制半径为 4mm 的轴线圆圈及适当长度的直线。

（4）给轴线赋予编号属性，以便随机输入编号值，如图 10-32 所示。

（5）给轴线圆圈和直线赋予"旋转"参数，"旋转"动作。

（6）给编号赋予"旋转"参数，"旋转"动作。

（7）给编号连同轴线圆圈和直线赋予"旋转"参数，"旋转"动作，如图 10-33 所示。

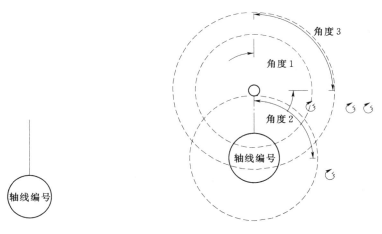

图 10-32　创建块属性　　　　　　图 10-33　创建轴线编号块

（8）依次单击"块编辑器"选项卡→"管理"面板→"保存" 。

（9）依次单击"块编辑器"选项卡→"关闭"面板→ "关闭块编辑器"。

（10）在程序绘图区绘制建筑轴线网。

（11）依次单击"常用"选项卡→"块"面板→"插入" 插入 。 依次插入轴线编号动态块。如图 10-34（a）所示，插入 1 轴线和 A 轴线。

由于定义块时适用水平下轴线，对于另三面轴线编号需作调整。调整时用动态块特性，如图 10-34（b）所示。

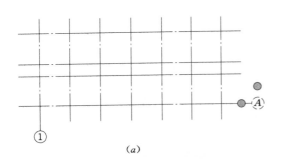

（a）　　　　　　　　　　　　　　　　　　　（b）

图 10-34　插入动态块

课　后　练　习

1. 根据图 10-35 所示建筑立面图，创建一个花瓶图块，并模仿阳台栏杆插入花瓶，制作一个阳台栏杆。尺寸自定。

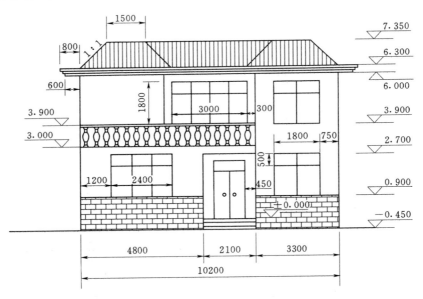

图 10-35　创建花瓶图块

2. 根据图 10-35 所示建筑立面图，创建一个带有属性建筑标高符号，并按图示位置标注标高。

3. 根据图 10-36 所示水渠平面图与断面图，创建一个带有属性的平面标高和立面标高符号，并按图中给定的标高值对水渠平面图与断面图标注高程。

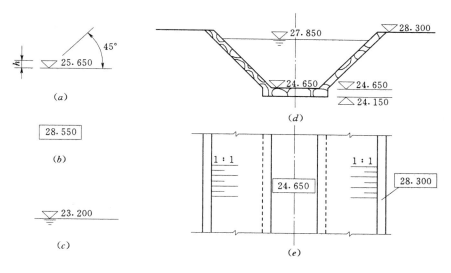

图 10-36　创建标高图块

4. 根据图 10-37 所示建筑平面图（局部），创建一个窗图块，并给窗图块添加长度参数和旋转动作，使其成为一个动态图块，然后按照图中给定尺寸和位置插入窗符号（C1、C2、C3）。

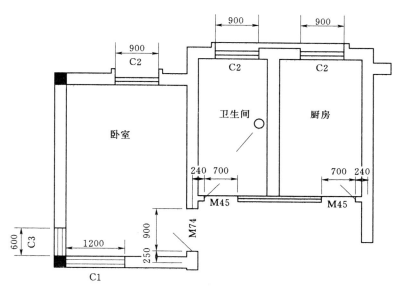

图 10-37　建筑平面图（局部）

第十一章 专业图绘制

水利工程专业的工程设计图主要有进水闸、渡槽、涵洞、桥梁、扬水泵站等，本章以涵洞式进水闸设计图的绘制为例，阐述水利工程专业图的绘制思路及步骤。

根据图 11-1、图 11-2 涵洞式进水闸的立体图和剖切闸体，绘制进水闸设计图，用 1∶50 的比例绘制在 A2 图纸上。完成图及尺寸见涵洞式进水闸设计图（图 11-75）。

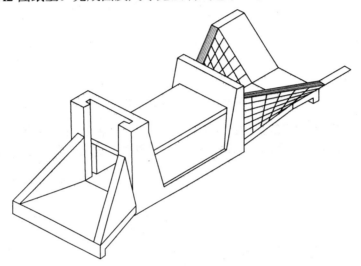

图 11-1　涵洞式进水闸的立体图

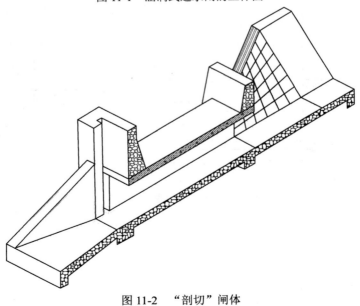

图 11-2　"剖切"闸体

一、设计思路

1. 工程概况

由图 11-1 和图 11-2 涵洞式进水闸的立体图和剖切闸体可知，工程整体由四段组成：

（1）进水口段：由底板（铺盖）与上游翼墙组成。

（2）闸室段：由底板、洞身边墙、洞身盖板、上游胸墙及下游胸墙组成。

（3）下游扭面段：由底板（护坦）与扭面组成。

（4）下游海漫段：由底板（海漫）与护坡组成。

进水口前、海漫段后接土渠，闸体上部覆盖路基。

2. 设计思路

整个工程图需要用平面图、纵向剖视图和上、下游立面图表达工程整体概况，还要用剖面图表达部分断面。

由于该工程形体是对称的，所以水闸平面图可采用简化表达方法，但考虑为了表达坝体路基部分，闸体部分仍然全部画出。采用掀土法，将闸体上部对称部分的路基土层**去掉**，一部分表达闸体外部结构，一部分表达路基及路基下的闸体（用虚线表示）。

由于该工程形体是对称的，纵向剖视图可以沿闸体对称中心线剖切；上、下游立面图可以用合成表达法，将上、下游立面各取一半，绘制在左视图位置。

由于上游翼墙在设计过程中，后端面的截面尺寸无法表达，同时洞身结构、下游扭面前后端面的尺寸也表达不清。因此，在此部位设置剖切截面，用剖面图的形式表达它们的形状。

3. 图纸内容

（1）水闸平面图。

（2）纵向剖视图。

（3）上、下游立面图。

（4）局部剖面图。

4. 绘图要求

参考相应水利工程设计规范，严格按照国家制图标准，充分利用 AutoCAD 的绘图功能，采用现代化的绘图手段，高质量、高标准地完成涵洞式进水闸的平面设计图。

采用校用图框与标题栏，用 1∶1 的比例绘制 A2 图框与标题栏，然后将 A2 图框与标题栏放大 50 倍。采用 1∶1 的比例绘制水闸设计图，再将图框与标题栏放在水闸设计图外。标注尺寸时，在调整中设置标注特征比例的"使用全局比例"为 50。打印时再缩小。或者，采用校用图框与标题栏，用 1∶1 的比例绘制 A2 图框与标题栏，采用 1∶1 的比例绘制水闸设计图，再将水闸设计图缩小 50 倍放进 A2 图框内。标注尺寸时，在主单位中设置测量单位比例的"比例因子"为 50。但必须先缩小，后标注。当同一图纸内有多种不同比例时，往往采用此法。打印时采用 1∶1 打印。下面以前一种方法为例具体阐述。

二、操作步骤

1. 设置绘图环境

（1）设置单位与精度，如图 11-3 所示。

命令：'_units

（2）设置绘图界限。

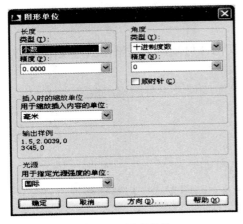

图 11-3　图形单位

命令：'_limits

重新设置模型空间界限：

指定左下角点或 [开 (ON) /关 (OFF)] <0, 0>：↙

指定右上角点 <420, 297>：20000, 20000↙

设置完图形界限后，用"全部缩放"命令，满屏显示一下，让绘图区充分显示图形界限。

（3）设置图层，如图 11-4 所示。

（4）设置线型比例因子。命令：linetype。如图 11-5 所示，设置线型"全局比例因子"为 30。

2. 绘制水闸平面图

（1）用"直线"命令在"中心线"图层绘制对称中心线，长 15000。

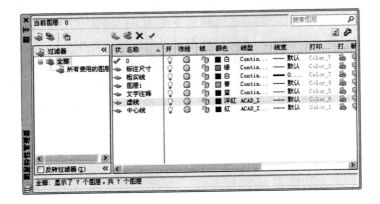

图 11-4　设置图层

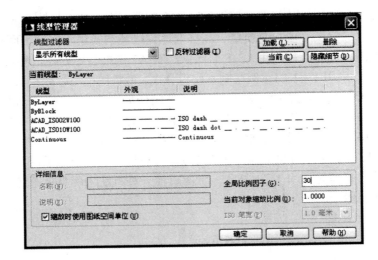

图 11-5　设置线型

（2）用"直线"命令在"粗实线"图层绘制上游进水口底板前沿边线，并用"偏移"命令，分别偏移 2100、5200、2500、1200 偏移绘制翼墙进水口段、闸室段、下游扭面段、下游海漫段之间的分缝线，如图 11-6 所示。

（3）绘制上游八字翼墙进水口段。用"偏移"命令偏移"对称中心线"，偏移距离分别为 750、1050、1500、1800、2100，如图 11-7 所示。

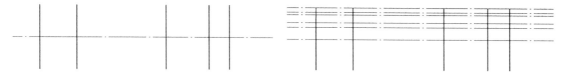

图 11-6 绘制对称线及分缝线　　　　　　　图 11-7 "偏移"中心线

1）在"粗实线层"，用"直线"命令连接上游翼墙轮廓线，如图 11-8 所示。

2）用"偏移"命令偏移上游进水口底板前沿边线，向右偏移距离 250。并用"对象特性"修改命令，将该直线的图层修改为"虚线层"，如图 11-9 所示。

图 11-8 连接上游翼墙轮廓线　　　　　　　图 11-9 绘制前趾坎虚线

3）用"删除"命令将上述"偏移"线删除，并用"修剪"命令修剪多余线，如图 11-10 所示。

（4）绘制洞身。

1）用"偏移"命令偏移"对称中心线"，偏移距离分别为 750、1050、1250、1350，如图 11-11 所示。

图 11-10 "删除"、"修剪"多余线　　　　　图 11-11 "偏移"中心线

2）在"粗实线层"，用"直线"命令连接洞身轮廓线，如图 11-12 所示。

3）用"偏移"命令偏移洞身前沿边线，向右偏移距离 600，偏移洞身后沿边线，向左偏移距离 400，并用"对象特性"修改命令，将该两直线的图层修改为"虚线层"，如图 11-13 所示。

图 11-12 连接洞身轮廓线　　　　　　　　图 11-13 绘制洞身前、后趾坎虚线

4）用"删除"命令将上述"偏移"线删除，并用"修剪"命令修剪多余线，如图 11-14 所示。

（5）绘制洞身上下游胸墙。

1）用"偏移"命令按图中胸墙尺寸，偏移绘制上游胸墙、闸门槽部分、下游胸墙及"偏移"绘制盖板与胸墙的交线，如图 11-15 所示。

图 11-14   "删除"、"修剪"多余线   图 11-15   上、下游胸墙轮廓线

2）用"修剪"命令修剪多余线，如图 11-16 所示。

3）用"直线"命令连接上、下游胸墙与边墙的表面交线，并用"特性匹配"命令将洞身内边线转变为虚线，如图 11-17 所示。

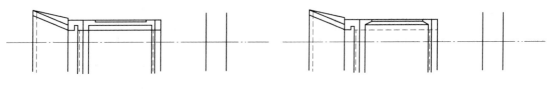

图 11-16   "修剪"多余线   图 11-17   连接洞身表面交线

（6）绘制下游扭面段。

1）用"偏移"命令偏移"对称中心线"，偏移距离分别为 750、1050、2250、2550，如图 11-18 所示。

2）用"延伸"命令先将分缝线延伸到扭面外边沿，再在"粗实线层"，用"直线"命令连接扭面轮廓线，如图 11-19 所示。

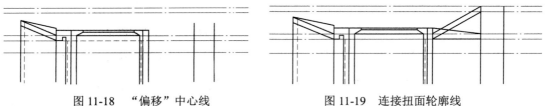

图 11-18   "偏移"中心线   图 11-19   连接扭面轮廓线

3）用"删除"命令将上述"偏移"线删除，并用"修剪"命令修剪外扭面被挡的线，再用"直线"命令在虚线层上绘制外扭面被挡的线，同时在"细实线层"上，用"直线"命令给扭面加扭面素线，如图 11-20 所示。

（7）绘制海漫段。

1）在"粗实线层"，用"直线"命令连接海漫段底边线及护坡顶边线，如图 11-21 所示。

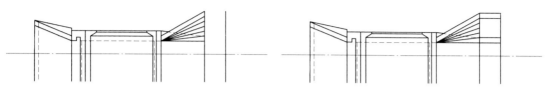

图 11-20　"删除"、"修剪"多余线　　　　图 11-21　绘制海漫段

2）在"细实线层"，用"直线"命令绘制护坡示坡线。

3）用"偏移"命令向左偏移海漫段右分缝线 250，用"修剪"命令修剪该直线作为海漫后趾坎；用"特性匹配"命令将海漫后趾坎被挡线转变为虚线，如图 11-22 所示。

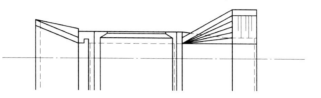

图 11-22　绘制护坡示坡线

（8）绘制上、下游土渠部分。在"粗实线层"，用"直线"命令绘制下游土渠渠底线与渠上口边线；在"细实线层"，用"直线"命令绘制上、下游土渠折断线；用"复制"命令，复制海漫护坡示坡线到土渠，作为土渠示坡线，如图 11-23 所示。

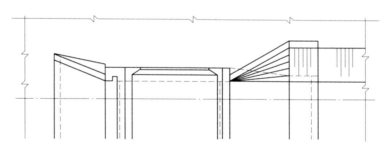

图 11-23　绘制上、下游土渠

（9）用"修剪"命令修剪中心线以下多余线；用"镜像"命令，把中心线上部的水闸平面图镜像，如图 11-24 所示。

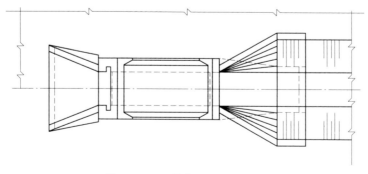

图 11-24　"镜像"水闸平面图

（10）绘制洞顶路基。

1）在"粗实线层"，用"直线"命令绘路基左坡脚线、左边顶线；用"偏移"命令，向左偏移下游胸墙顶左边线 400，作为路基右边顶线；用"偏移"命令，向右偏移路基右边顶线 1100，作为下游坡面交线。

2）在"细实线层"，用"直线"命令绘制路基上、下游坡面示坡线；用"修剪"命令修剪多余线，如图 11-25 所示。

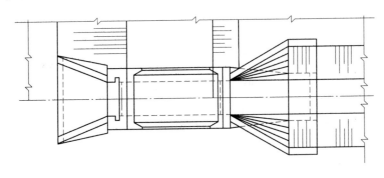

图 11-25　绘制路基

（11）用"掀土法"修改全局。

1）用"删除"、"修改"命令修改部分多余线，并用"直线"命令重新绘制部分直线。

2）用"特性匹配"命令将路基下被挡线转变为虚线，如图 11-26 所示。

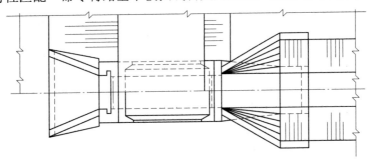

图 11-26　修整全局

3. 绘制水闸纵向剖视

（1）在"粗实线层"，用"直线"命令绘制闸底板线长 15000。

（2）在"粗实线层"，用"直线"命令，绘制上游进水口底板前沿边线，并用"偏移"命令，分别偏移 2100、5200、2500、1200 绘制进水口段、闸室段、下游扭面段、下游海漫段之间的分缝线，如图 11-27 所示。

（3）绘制八字翼墙进水口段。

1）用"偏移"命令向下偏移闸底板线，分别偏移 250、300、600、850，作为上游翼墙底板轮廓；用"偏移"命令向上偏移闸底板线，偏移 1800，作为上游翼墙高度线；用"偏移"命令向右偏移上游进水口底板前沿边线，偏移 250，作为上游翼墙底板前趾坎，如图 11-28 所示。

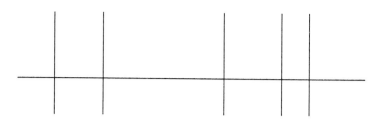

图 11-27　绘制渠底线及分缝线

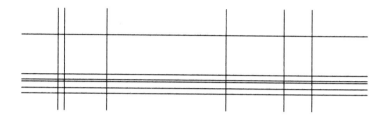

图 11-28　绘制上游进水口轮廓线

2）用"直线"命令连接底板的上、下面及翼墙顶面线；用"修剪"命令修剪多余线；及"删除"命令删除多余线，如图 11-29 所示。

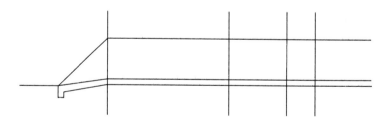

图 11-29　修剪整理进水口轮廓线

（4）绘制洞身。

1）用"偏移"命令向上偏移闸底板线，偏移 3000，作为闸门槽顶部线；用"偏移"命令向右偏移闸门槽前边线，分别偏移 300、500、800、1100，作为闸门槽轮廓线；用"偏移"命令向上偏移闸底板线，偏移 1200、1400，作为洞身盖板线；用"偏移"命令向上偏移闸底板线，偏移 2600，作为胸墙转折线，如图 11-30 所示。

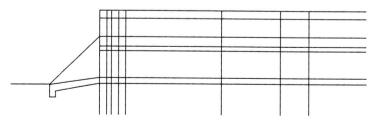

图 11-30　绘制闸门槽、上游胸墙轮廓线

2）用"直线"命令连接胸墙轮廓线；用"修剪"命令修剪多余线；及"删除"命令删除多余线，如图 11-31 所示。

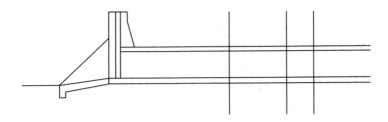

图 11-31   修剪整理闸门槽及盖板轮廓线

3）用"偏移"命令向上偏移闸底板线，偏移 2200，作为下游胸墙顶部线；用"偏移"命令向左偏移下游胸墙后边线，分别偏移 300、500，如图 11-32 所示。

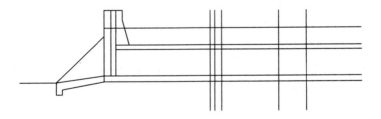

图 11-32   绘制下游胸墙轮廓线

4）用"直线"命令连接胸墙轮廓线；用"修剪"命令修剪多余线；及"删除"命令删除多余线，如图 11-33 所示。

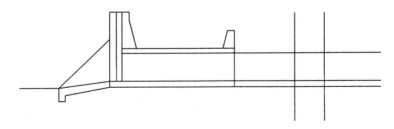

图 11-33   修剪整理下游胸墙轮廓线

5）用"偏移"命令向下偏移闸底板线，偏移 500，作为洞身底板前、后趾坎线；用"偏移"命令向右偏移上游胸墙前边线，偏移 600，作为前趾坎线；用"偏移"命令 向左偏移下游胸墙后边线，偏移 400，作为后趾坎线。

6）用"延伸"命令延伸上、下游胸墙的前、后轮廓线至前、后趾坎的下边线；用"直线"命令连接胸墙轮廓线；用"修剪"命令修剪多余线；及"删除"命令删除多余线，如图 11-34 所示。

（5）绘制扭面。用"偏移"命令向上偏移闸底板线，偏移 1500，用"修剪"命令修剪多余线即可得扭面纵向剖视图。

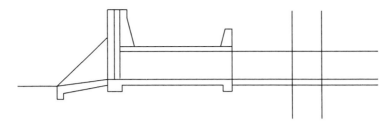

图 11-34 绘制底板轮廓线

（6）绘制护坡。

1）用"偏移"命令向下偏移闸底板线，偏移 500，用"偏移"命令向左偏移护坡后边线，偏移 250，作为护坡后趾坎轮廓线。

2）用"修剪"命令修剪多余线；用"删除"命令删除多余线，如图 11-35 所示。

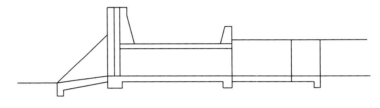

图 11-35 绘制护坡轮廓线

（7）填充剖面图案。

1）在"剖面线"层，填充浆砌石材料，用户可利用工具选项板预定义浆砌石材料，然后填充。若为干砌石，可单击"图案填充"按钮，选择"GRAVEL 图案，填充比例为 20，进行填充，但此时仅显示为干砌石材料，不可混淆。

2）在"剖面线"层，单击"图案填充"按钮，选择"混凝土"（AR-CONC）图案，填充比例为 1，对盖板进行填充。

3）在"剖面线"层，单击"图案填充"按钮，选择"钢筋"（ANSI31）图案，填充比例为 40，对盖板进行填充，如图 11-36 所示。

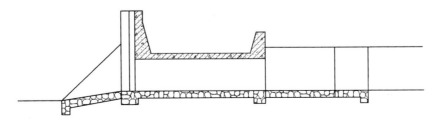

图 11-36 填充剖面图案

（8）绘制路基。

1）在"粗实线层"，用"直线"命令过上游胸墙转折线处，绘制路基顶线；用"直线"命令过下游胸墙顶部绘制 1:1 的下游坡面线。

2）在"细实线层"，用"直线"命令绘制下游土渠折断线，如图 11-37 所示。

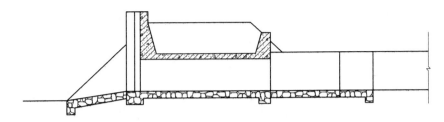

图 11-37   绘制路基

（9）修整全图。在"细实线层"，用"直线"命令绘制路基夯实土，给扭面加扭面素线，给坡面加示坡线，给底板加自然土符号，如图 11-38 所示。

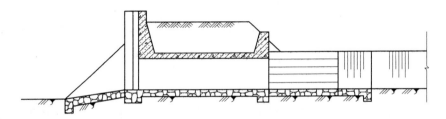

图 11-38   绘制土符号与坡面素线

4. 绘制上、下游立面图

采用合成表达法绘制上、下游立面图。

（1）绘制上游翼墙。

1）在"中心线"层，用"直线"命令绘制上、下游立面图的对称中心线；在"粗实线"层，用"直线"命令绘制闸底板线，如图 11-39 所示。

2）用"偏移"命令向左偏移中心线，分别偏移 750、1050、1650、1950；用"偏移"命令，向上偏移底板线，偏移 1800，向下偏移底板线，偏移 300、550，如图 11-40 所示。

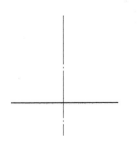

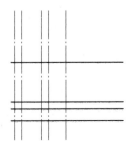

图 11-39   绘制中心线与底板线   图 11-40   绘制上游翼墙轮廓线

3）用"直线"命令连接上游翼墙轮廓线；用"修剪"命令修剪多余线；及"删除"命令删除多余线，如图 11-41 所示。

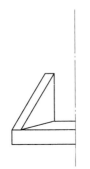

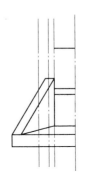

图 11-41 修剪上游翼墙 　　　　　　　　图 11-42 绘制上游胸墙轮廓线

（2）绘制上游胸墙与盖板。

1）用"偏移"命令向上偏移底板线，偏移 1200、1400，作为盖板线；向上偏移底板线，偏移 3000，作为上游胸墙顶面线。

2）用"偏移"命令向左偏移中心线，偏移 750、950、1350，作为上游胸墙及闸门槽轮廓线，如图 11-42 所示。

3）在"粗实线"层，用"直线"命令，连接上游胸墙轮廓线；用"修剪"命令修剪多余线；用"删除"命令删除多余线。

4）用"特性匹配"命令将闸门槽内边线、上游胸墙埋在路基中的边线转变为虚线，如图 11-43 所示。

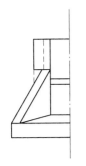

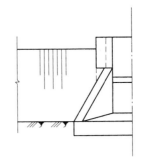

图 11-43 修剪上游胸墙 　　　　　　　　图 11-44 绘制上游坡面及示坡线

（3）绘制路基上游坡面及进水口渠底线。

1）在"粗实线"层，用"直线"命令，绘制上游坡面的渠顶与渠底线。

2）在"细实线"层，用"直线"命令，绘制路基的折断线；给上游面加示坡线。

3）给上游渠底加自然土符号，如图 11-44 所示。

（4）绘制下游洞口。

用"偏移"命令向右偏移中心线，偏移 750 作为洞身内边线；用"延伸"命令，将底板上边线、盖板边线延伸到洞边线，如图 11-45 所示。

（5）绘制护坡后端面与扭面。

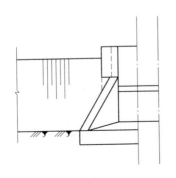

图 11-45　绘制下游洞口

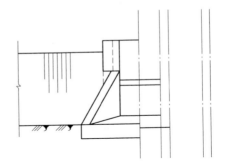

图 11-46　绘制下游护坡轮廓线

1）用"偏移"命令向右偏移中心线，偏移 1050、2250、2550；用"偏移"命令，向上偏移底板线，偏移 1500，向下偏移底板线，偏移 500，如图 11-46 所示。

2）在"粗实线"层，用"直线"命令，连接扭面轮廓线、护坡轮廓线；用"修剪"命令修剪多余线；用"删除"命令删除多余线。

3）在"细实线"层，用"直线"命令，给扭面加扭面素线，如图 11-47 所示。

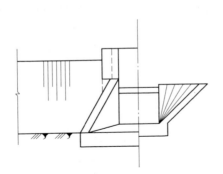

图 11-47　绘制下游护坡与扭面

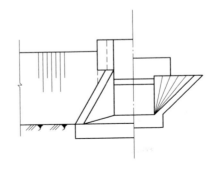

图 11-48　绘制下游胸墙

（6）绘制下游胸墙。

1）用"偏移"命令向右偏移中心线，偏移 1350；用"偏移"命令，向上偏移底板线，偏移 2200，作为下游胸墙轮廓线。

2）在"粗实线"层，用"直线"命令，连接下游胸墙轮廓线；用"修剪"命令修剪多余线；用"删除"命令删除多余线，如图 11-48 所示。

（7）绘制上游胸墙、路基与下游坡面。

1）用"镜像"命令镜像上游胸墙、上游路基。

2）用"修剪"命令修剪多余线；用"删除"命令删除多余线，如图 11-49 所示。

3）在"细实线"层，用"直线"命令给下游坡面加示坡线，给坡面加自然土符号，给下游路基加折断线，如图 11-50 所示。

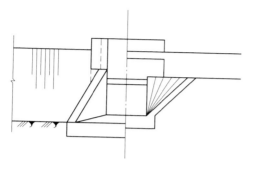

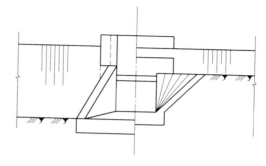

图 11-49　绘制下游坡面及上游胸墙　　　　图 11-50　绘制下游坡面加示坡线

5.　标注

（1）给纵向视图标注。

1）设置标注样式：设置"箭头大小"为 3，如图 11-51 所示。文字应选择斜体数字样式。

设置"使用全局比例"为 50，如图 11-52 所示。

2）在"尺寸线层"给纵向剖视图标注尺寸，如图 11-53 所示。

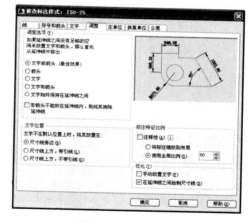

图 11-51　设置箭头　　　　　　　　　　图 11-52　设置调整

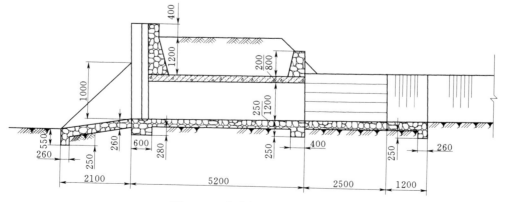

图 11-53　纵向剖视图标注尺寸

3）在"文字标注层"给纵向剖视图标注文字，如图 11-54 所示。

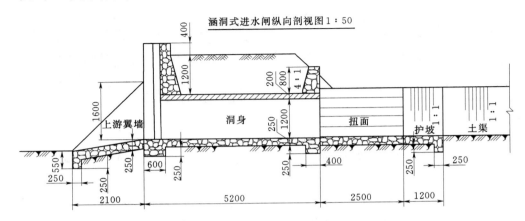

图 11-54　纵向剖视图标注文字

4）在"尺寸线层"给纵向剖视图标注标高。

设置标高图块属性，创建纵向标高图块，给纵向剖视图标注标高，如图 11-55 所示。

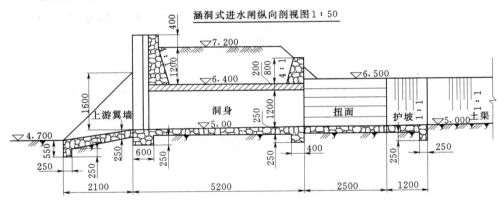

图 11-55　纵向剖视图标注标高

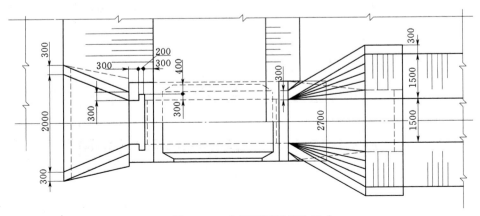

图 11-56　水闸平面图标注尺寸

（2）进水闸平面图标注。

1）在"尺寸线层"给水闸平面图标注尺寸，如图 11-56 所示。

2）在"文字标注层"给水闸平面图标注文字，如图 11-57 所示。

3）在"尺寸线层"给水闸平面图标注标高。设置标高图块属性，创建纵向标高图块，给闸门平面图标注标高，如图 11-58 所示。

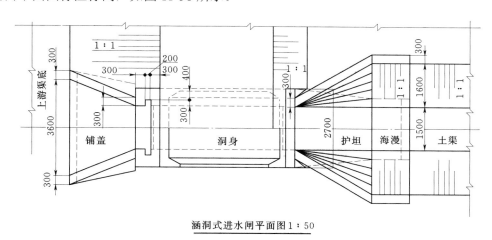

涵洞式进水闸平面图1：50

图 11-57　水闸平面图标注文字

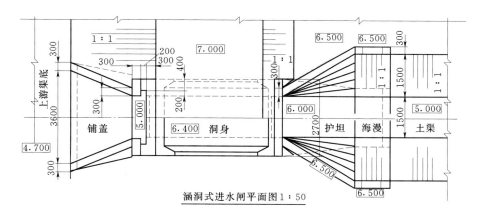

涵洞式进水闸平面图1：50

图 11-58　水闸平面图标注标高

（3）上、下游立面图标注。

1）在"尺寸线层"给上、下游立面图标注尺寸，如图 11-59 所示。

2）在"文字标注层"给上、下游立面图标注文字，如图 11-60 所示。

3）在"尺寸线层"给上、下游立面图标注标高：利用纵向剖视图设置的标高图块，如图 11-61 所示。

6. 作剖面图

在上述标注中，上游翼墙的后端面、洞身截面、扭面前后端面的尺寸都不清楚，需要对此部位进行剖切，进行剖面标注。

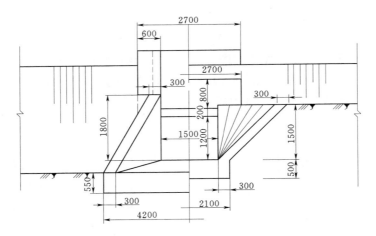

图 11-59　上、下游立面图标注尺寸

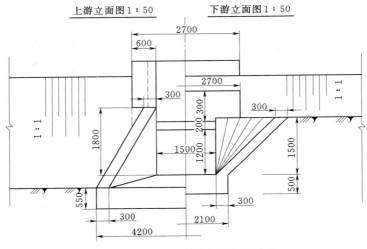

图 11-60　上、下游立面图标注文字

（1）用"文字标注层"在水闸平面图上注剖切符号，如图 11-62 所示。

（2）绘制 1—1 剖面图。

1）根据已知条件，在"粗实线层"，用"直线"命令绘制 1—1 剖面图，如图 11-63 所示。

2）在"尺寸线层"，给 1—1 剖面图加注尺寸，如图 11-64 所示。

3）在"文字标注层"，给 1—1 剖面图加注文字，如图 11-65 所示。

（3）绘制 2—2 剖面图。

1）根据已知条件，在"粗实线层"，用"直线"命令绘制 2—2 剖面图，如图 11-66 所示。

2）在"尺寸线层"，给 2—2 剖面图加注尺寸，如图 11-67 所示。

3）在"剖面线层"，给 2—2 剖面图加注剖面图案，加注剖面图案的方法同给纵向剖视图加注剖面图案的方法，如图 11-68 所示。

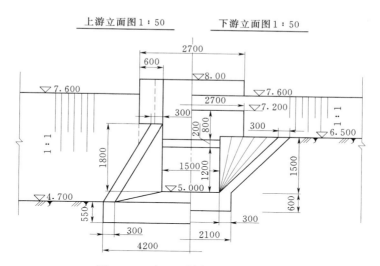

图 11-61 上、下游立面图标注标高

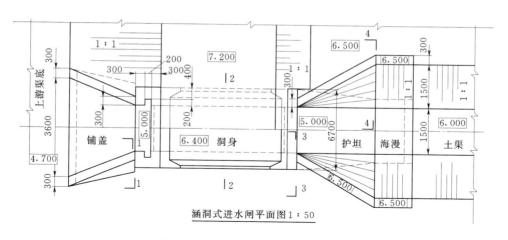

涵洞式进水闸平面图1：50

图 11-62 在平面图上加注剖切符号

图 11-63 1—1 剖面图　　　　图 11-64 标注尺寸　　　　图 11-65 标注文字

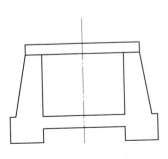

图 11-66　2—2 剖面图

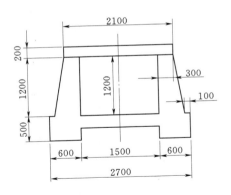

图 11-67　标注尺寸

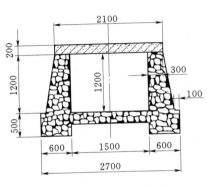

图 11-68　标注剖面图案

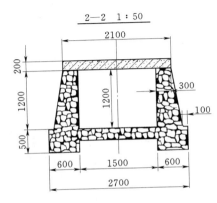

图 11-69　标注文字

4）在"文字标注层"，给 2—2 剖面图加注文字，如图 11-69 所示。

（4）绘制 3—3、4—4 剖面图。

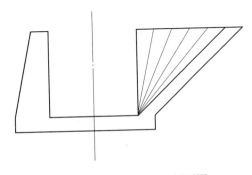

图 11-70　3—3、4—4 剖面图

1）根据已知条件，在"粗实线层"，用"直线"命令绘制 3—3、4—4 剖面图；在"细实线层"，用"直线"命令绘制 3—3、4—4 扭面线，如图 11-70 所示。

2）在"尺寸线层"，给 3—3、4—4 剖面图加注尺寸，如图 11-71 所示。

3）在"文字标注层"，给 1—1 剖面图加注文字，如图 11-72 所示。

7．绘制图框与标题栏

（1）绘制图框与标题栏。

1）在"细实线层"，用"直线"命令绘制 594×420 纸边线框。

2）在"粗实线层"，用"直线"命令绘制图框线，图框线距纸边距离 25。

3）在"粗实线层"，用"直线"命令绘制标题栏外框线；在"细实线层"，用"直线"

命令绘制标题栏内部分格线，如图 11-73 所示。

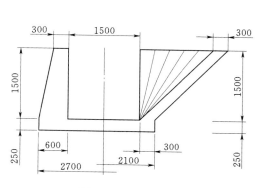

图 11-71 标注尺寸

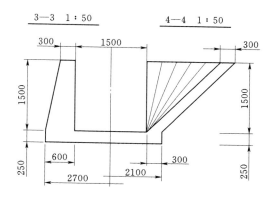

图 11-72 标注文字

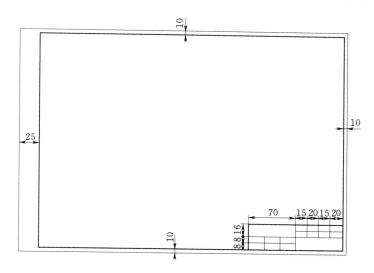

图 11-73 绘制图框与标题栏

（2）填写标题栏。

1）设置文字标注样式为长仿宋体。

2）在"文字标注层"，用"多行文字"命令对标题栏进行填写。标题栏内，图名用 10 号字，校名用 7 号字，其他汉字 5 号字，数字 3.5 号字，如图 11-74 所示。

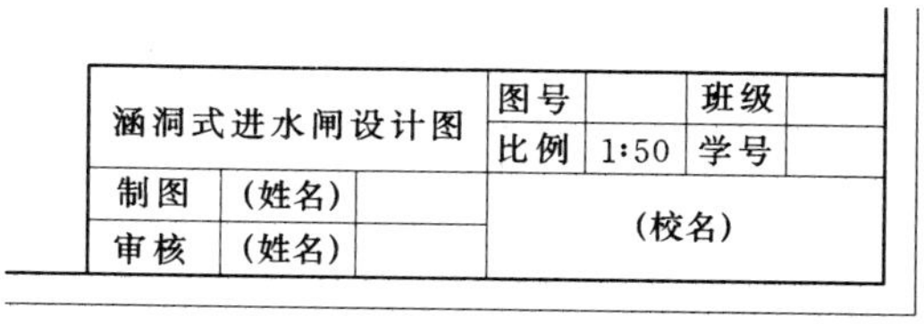

（3）放大图框与标题栏，并将水闸设计图拖放图框内。

1）将图框放大 50 倍。

2）将图形移到图框内。

3）调整图形在图框内的位置，直至布局合适。最终结果参见图 11-75。

涵洞式进水闸设计图		图号		班级	
		比例	1:50	学号	
制图	（姓名）		（校名）		
审核	（姓名）				

图 11-74 填写标题栏

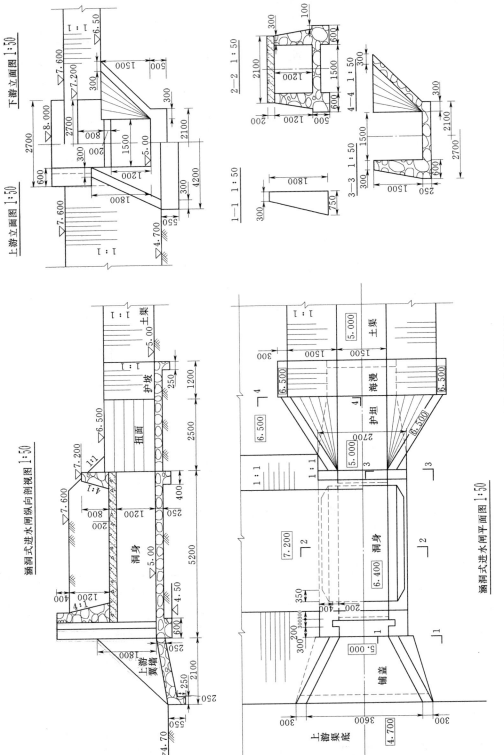

图 11-75 涵洞式进水闸设计图

通过对进水闸平面设计图的绘制，主要掌握专业图的绘制思路和步骤。此方法对于其他图形的绘制同样适用，希望大家熟练掌握灵活运用。

课 后 练 习

1. 用 1：1 的比例绘制图 11-75，全局线型比例因子取 0.5，标注样式中"调整"→"使用全局比例"为 1，"主单位"→"测量单位比例因子"取 50。

2. 绘制图 11-76 渡槽设计图。

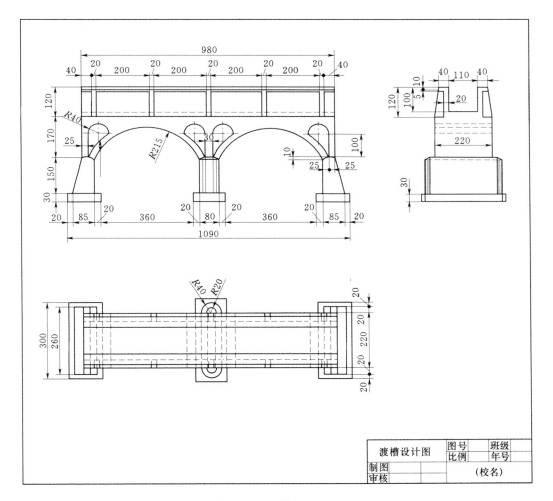

渡槽设计图	图号		班级	
	比例		年号	
制图				
审核			（校名）	

图 11-76　渡槽设计图

3. 绘制图 11-77 钢筋混凝土盖板涵洞结构图并补画 B—B 剖面图。要求标注尺寸及文字。

4. 对《水利工程识图》及《水利工程识图习题集》中，第九章识读水利工程图和第十章房屋建筑图简介的相关代表图用 CAD 进行绘制练习。

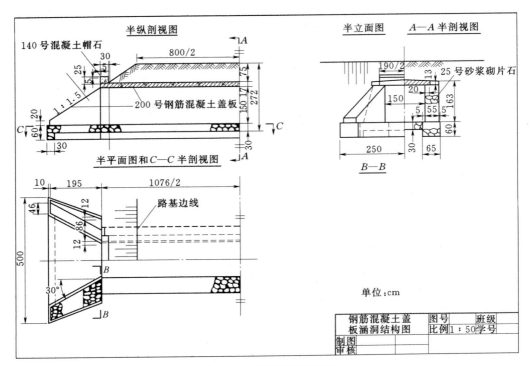

图 11-77 盖板涵洞结构图

第十二章 图 形 输 出

一、输出图形的方式

图形输出主要分为打印输出和发布图形。打印输出一般使用打印机或绘图仪等设备，将所绘图形打印到图纸上；发布图形是创建三维 DWF 发布，以便通过 Internet 进行访问。工程实际中，只有打印到图纸上的图形才能更有指导意义。本章主要介绍打印输出。

1. 模型空间与图纸空间

通常，由几何对象组成的模型是在称为模型空间的三维空间中创建的，而特定视图的最终布局和此模型的注释是在称为图纸空间的二维空间中创建的。简而言之，在模型空间里绘制图形，在图纸空间里进行布局与注释。通过单击绘图区域底部的"模型"标签及一个或多个"布局"标签，可以访问这些空间。

2. 创建布局

在模型空间中完成图形之后，可以通过单击"布局"标签，切换到图纸空间来创建要打印的布局。

首次单击"布局"标签时，页面上将显示单一视口。视口中的虚线表示图纸中当前配置的图纸尺寸和绘图仪的可打印区域。用户可以根据需要任意创建多个布局。每个布局都保存在各自的布局选项卡中，可以与不同的页面设置相关联。

在状态栏中单击"快速查看布局"按钮，即可打开布局切换器，如图 12-1 所示。在布局切换器中，可以通过单击，在模型和布局之间进行切换。

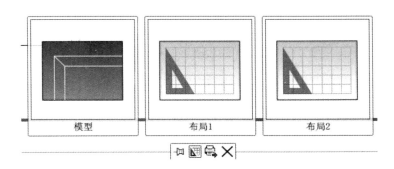

图 12-1　布局切换器

使用创建布局向导创建布局，具体操作步骤如下：

（1）在 AutoCAD 2009 工作空间中，单击"菜单浏览器"按钮，执行"插入>布局>创建布局向导"菜单命令，即可打开"创建布局-开始"对话框，如图 12-2 所示。

（2）"创建布局-开始"对话框中，在"输入新布局的名称(M)"文本框中输入新建布局的名称，再单击"下一步"按钮，即可打开"创建布局-打印机"对话框，如图 12-3 所示。

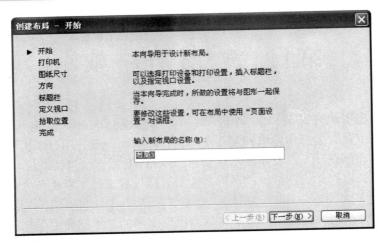

图 12-2   开始创建布局

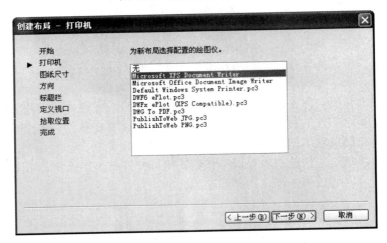

图 12-3   设置打印机

（3）在"创建布局-打印机"对话框中，为新布局配置打印机或绘图仪，然后单击"下一步"按钮，即打开"创建布局-图纸尺寸"对话框，如图 12-4 所示。在"创建布局-图纸尺寸"对话框中，选择布局使用的图纸尺寸及图形单位，再单击"下一步"按钮，即打开"创建布局-方向"对话框，如图 12-5 所示。

（4）在"创建布局-方向"对话框中，选择图形在图纸上的放置方向(纵向／横向)，再单击"下一步"按钮，即可打开"创建布局-标题栏"对话框，如图 12-6 所示。

（5）在"创建布局-标题栏"对话框中，选择用于新建布局的标题栏(块属性)，或者选择插入外部参照标题栏，再单击"下一步"按钮，即可打开"创建布局-定义视口"对话框，如图 12-7 所示。

（6）在"创建布局-定义视口"对话框中，选择所添加视口的类型和比例，以及(阵列视口设置)行数、列数和间距等，再单击"下一步"按钮，即可打开"创建布局-拾取位置"对话框，如图 12-8 所示。

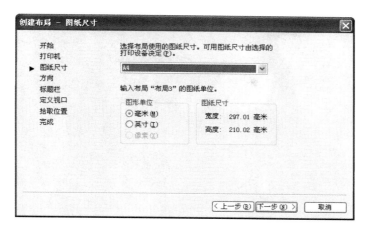

图 12-4 设置图纸尺寸

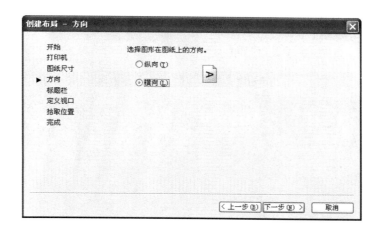

图 12-5 设置方向

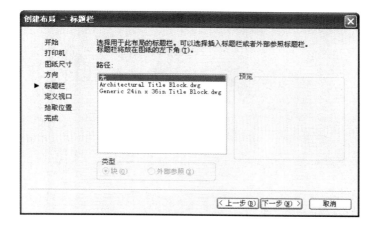

图 12-6 选择标题栏

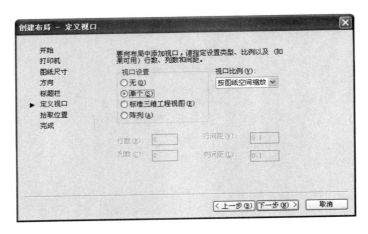

图 12-7　定义视口

（7）在"创建布局-拾取位置"对话框中，单击"选择位置"按钮，然后在图形中分别指定视口配置的第一角点和对角点，如图 12-9 所示。

（8）在"创建布局-完成"对话框中单击"完成"即可完成布局的创建。

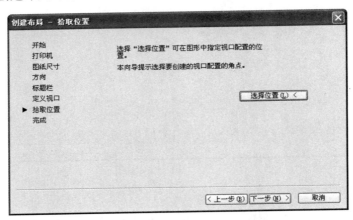

图 12-8　拾取位置

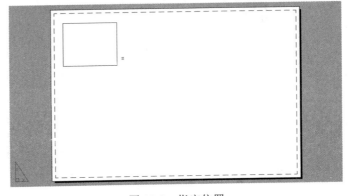

图 12-9　指定位置

二、设置打印参数

1. 页面设置

使用创建布局向导创建布局后，有时需要对布局的相关参数或属性进行重新设置，以满足图形打印或图形发布的需要。

设置布局的相关参数或属性，可以在工作空间中选择功能区面板中的"输出"选项卡，再在"打印"功能面板中，单击"页面设置管理器"按钮，如图 12-10 所示。通过以上操作，即可打开"页面设置管理器"对话框，如图 12-11 所示。在此对话框中选择要修改的页面设置，再单击"修改"按钮，即可打开"页面设置"对话框，如图 12-12 所示。

"页面设置管理器"按钮

图 12-10　"输出"选项卡

图 12-11　"页面设置管理器"对话框

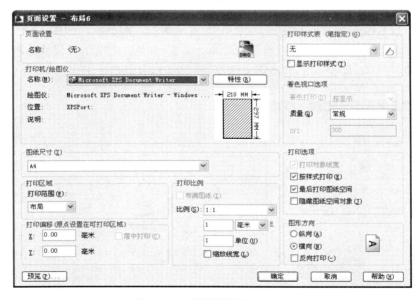

图 12-12　"页面设置"对话框

在"页面设置"对话框中，可以对布局的相关参数进行重新设置，同时可以在"打印选项"选项组中选择图形打印时的打印样式。

2. 设置图纸尺寸

打印图形时,如果从"布局"选项卡打印,可以事先在"页面设置"对话框中选择图纸尺寸,如果从"模型"选项卡打印,则需要在打印时,在"打印"对话框中选择要使用的图纸尺寸。列出的图纸尺寸取决于用户在"打印"或"页面设置"对话框中选定的打印机或绘图仪类型。

下述为非系统打印机创建或编辑自定义图纸尺寸的方法。具体操作步骤如下:

(1)在工作空间中,选择功能区面板中的"输出"选项卡,再在"打印"功能面板中单击"绘图仪管理器"按钮,如图 12-13 所示,即可打开绘图仪管理器窗口,如图 12-14 所示,双击要更改配置的 PC3 绘图仪配置文件。

图 12-13　"打印"功能面板　　　　　图 12-14　绘图仪管理器窗口

(2)通过以上步骤,即可打开"绘图仪配置编辑器"对话框,如图 12-15 所示。在绘图仪配置编辑器的"设备和文档设置"选项卡上,在"用户定义图纸尺寸与校准"下选择"自定义图纸尺寸",即会显示"自定义图纸尺寸"选项区域,如图 12-16 所示。

图 12-15　"绘图仪配置编辑器"对话框　　　图 12-16　　"自定义图纸尺寸"选项区域

(3)在"自定义图纸尺寸"选项区域中单击"添加"按钮,即可打开"自定义图纸尺寸-开始"创建向导对话框，如图 12-17 所示。在此对话框中选中"创建新图纸"单选按钮，再单击"下一步"按钮，即可打开"自定义图纸尺寸-介质边界"对话框，如图 12-18 所示。

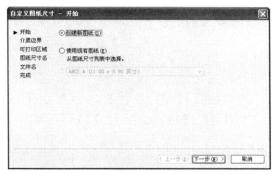

图 12-17 开始设置

图 12-18 设置介质边界

（4）在"自定义图纸尺寸-介质边界"对话框中，可根据需要设置图纸的宽度、高度和单位，再单击"下一步"按钮，即可打开"自定义图纸尺寸-图纸尺寸名"对话框，如图 12-19 所示。在文本框中可输入图纸尺寸的新名称，再单击"下一步"按钮，即可打开"自定义图纸尺寸-完成"对话框，如图 12-20 所示，单击"完成"按钮，即可在"绘图仪配置编辑器"对话框中选择并应用新定义的图纸尺寸。

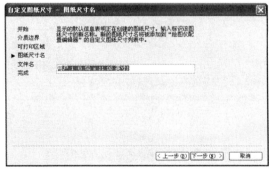

图 12-19 设置图纸尺寸名

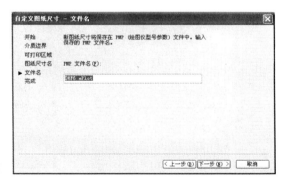

图 12-20 完成设置

3. 指定打印区域

打印图形之前，必须指定图形的打印区域。设置打印区域，可以在工作空间中选择功能区面板中的"输出"选项卡，再在"打印"功能面板中单击"打印"按钮，即可打开"打印"对话框，如图 12-21 所示。在"打印区域"选项组中指定需要打印的部分(布局、窗口、范围和显示)，再根据需要修改其他设置，单击"确定"按钮即可打印图形。

三、打印图形

在将图形发送到打印机或绘图仪之前，最好先预览打印图形。生成预览可以节约时间和材料。用户可以通过"打印"对话框预览图形。预览窗口中会显示图形在打印时的确切外观，包括线宽、填充图案和设置的其他打印样式。

图 12-21 "打印"对话框

预览图形时，将隐藏活动工具栏和工具选项板，并显示临时的"预览"工具栏，其中提供打印、平移和缩放图形等工具按钮。在"打印"和"页面设置"对话框中的缩略预览图中，还会在页面上显示可打印区域和图形的位置。

进行打印预览，可在工作空间中，选择功能区面板中的"输出"选项卡，再在"打印"功能面板中单击"打印"按钮，在"打印"对话框的左下角单击"预览"按钮，如图 12-22 所示，即可打开预览窗口，光标也变为实时缩放光标，如图 12-23 所示。

单击鼠标右键，在弹出的快捷菜单中包括"打印"、"平移"、"缩放"、"窗口缩放"及"缩放为原窗口"(缩放至原来的预览比例)等菜单命令，如图 12-24 所示，可根据需要执行相应的命令。

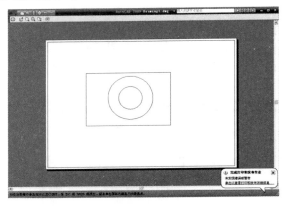

图 12-23 打印预览

图 12-22 打印区域

图 12-24 快捷菜单

图 12-25 "浏览打印文件"对话框

按下 Esc 键可退出预览窗口并返回到"打印"对话框，可根据需要调整其他打印设置，然后再次预览图形。确定打印图形符合要求后，可在预览窗口中右击，并在弹出的快捷菜单中选择"打印"菜单命令即可打印。如果在"打印"对话框中选择了虚拟打印机类型，则在执行"打印"命令后，会弹出"浏览打印文件"对话框，在此对话框中设置路径并单击"保存"按钮，如图 12-25 所示，即可将文件输出保存。

参 考 文 献

[1] 卢德友，陈红中. AutoCAD 2006 中文版实用教程. 郑州：黄河水利出版社，2007.

[2] 孙士保. AutoCAD 2008 中文版应用教程. 北京：机械工业出版社，2007.

[3] 黄琴，黄浩. AutoCAD 2008 中文版实例教程. 北京：机械工业出版社，2007.

[4] 张晓杰，刘立红. AutoCAD 2008 建筑设计完全自学手册. 北京：机械工业出版社，2008.

[5] 刘瑞新. AutoCAD 2009 中文版建筑制图. 北京：机械工业出版社，2008.

[6] 志远. AutoCAD 制图快捷命令一览通. 北京：化学工业出版社，2009.

[7] 胡腾. 精通 AutoCAD 2009中文版. 北京：清华大学出版社，2008.

[8] 韩天判. AutoCAD2009 中文版标准教材. 北京：中国青年出版社，2008.